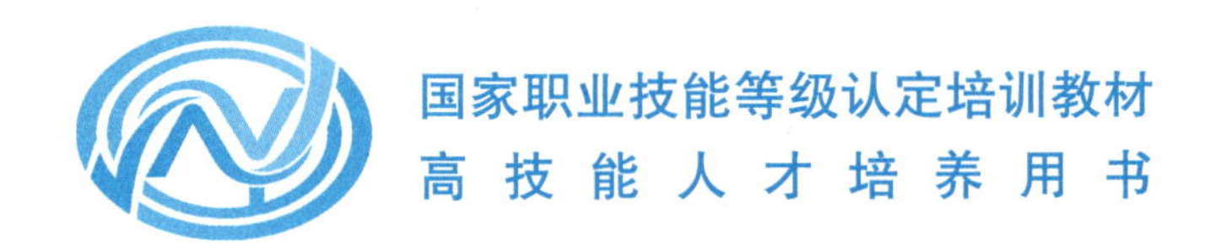

制冷工（中级）

国家职业技能等级认定培训教材编审委员会　组编

主　编　李援瑛

副主编　齐长庆

参　编　刘总路　赵福仁

机械工业出版社

本书是依据《国家职业技能标准　制冷工》对制冷工（中级）的知识要求和技能要求，按照岗位培训的需要编写的，主要内容包括制冷技术基础、制冷设备的操作与调整、制冷系统常见故障的处理、制冷系统的维护保养等。其中，“技能大师高招绝活”模块将理论知识与典型案例有机结合，大大增强了内容的实用性；“综合技能训练”模块选取了中级工必备技能，大大增强了学习的针对性。本书还配套多媒体资源，可通过封底“天工讲堂”刮刮卡获取。

本书可用作企业培训部门、职业技能鉴定培训机构的培训教材，也可作为技工学校、职业技术学校、各种短训班的教学用书。

图书在版编目（CIP）数据

制冷工：中级/李援瑛主编. —北京：机械工业出版社，2021.9
（高技能人才培养用书）
国家职业技能等级认定培训教材
ISBN 978-7-111-69048-1

Ⅰ.①制…　Ⅱ.①李…　Ⅲ.①制冷工程-职业技能-鉴定-教材
Ⅳ.①TB6

中国版本图书馆 CIP 数据核字（2021）第 180006 号

机械工业出版社（北京市百万庄大街 22 号　邮政编码 100037）
策划编辑：王振国　责任编辑：王振国　关晓飞
责任校对：李　杉　责任印制：郜　敏
三河市骏杰印刷有限公司印刷
2022 年 1 月第 1 版第 1 次印刷
184mm×260mm · 7.5 印张 · 176 千字
0001—3000 册
标准书号：ISBN 978-7-111-69048-1
定价：49.80 元

电话服务
客服电话：010-88361066
010-88379833
010-68326294

网络服务
机　工　官　网：www.cmpbook.com
机　工　官　博：weibo.com/cmp1952
金　　书　　网：www.golden-book.com
机工教育服务网：www.cmpedu.com

国家职业技能等级认定培训教材

编审委员会

序

新中国成立以来，技术工人队伍建设一直得到了党和政府的高度重视。20世纪五六十年代，我们借鉴苏联经验建立了技能人才的“八级工”制，培养了一大批身怀绝技的“大师”与“大工匠”。“八级工”不仅待遇高，而且深受社会尊重，成为那个时代的骄傲，吸引与带动了一批批青年技能人才锲而不舍地钻研技术、攀登高峰。

进入新时期，高技能人才发展上升为兴企强国的国家战略。从2003年全国第一次人才工作会议，明确提出高技能人才是国家人才队伍的重要组成部分，到2010年颁布实施《国家中长期人才发展规划纲要（2010—2020年）》，加快高技能人才队伍建设与发展成为举国的意志与战略之一。

习近平总书记强调，劳动者素质对一个国家、一个民族发展至关重要。技术工人队伍是支撑中国制造、中国创造的重要基础，对推动经济高质量发展具有重要作用。党的十八大以来，党中央、国务院健全技能人才培养、使用、评价、激励制度，大力发展技工教育，大规模开展职业技能培训，加快培养大批高素质劳动者和技术技能人才，使更多社会需要的技能人才、大国工匠不断涌现，推动形成了广大劳动者学习技能、报效国家的浓厚氛围。

2019年国务院办公厅印发了《职业技能提升行动方案（2019—2021年）》，目标任务是2019年至2021年，持续开展职业技能提升行动，提高培训针对性实效性，全面提升劳动者职业技能水平和就业创业能力。三年共开展各类补贴性职业技能培训5000万人次以上，其中2019年培训1500万人次以上；经过努力，到2021年底技能劳动者占就业人员总量的比例达到25%以上，高技能人才占技能劳动者的比例达到30%以上。

目前，我国技术工人（技能劳动者）已超过2亿人，其中高技能人才超过5000万人，在全面建成小康社会、战略性新兴产业不断发展的今天，建设高技能人才队伍的任务十分重要。

机械工业出版社一直致力于技能人才培训用书的出版，先后出版了一系列具有行业影响力，深受企业、读者欢迎的教材。欣闻配合新的《国家职业技能标准》又编写了“国家职业技能等级认定培训教材”。这套教材由全国各地技能培训和考评专家编写，具有权威性和代表性；将理论与技能有机结合，并紧紧围绕《国家职业技能标准》的知识要求和技能要求编写，实用性、针对性强，既有必备的理论知识和技能知识，又有考核鉴定的理论和技能题库及答案；而且这套教材根据需要为部分教材配备了二维码，扫描书中的二维码便可观看相应资源；这套教材还配合天工讲堂开设了在线课程、在线题库，配套齐全，编排科学，便于培训和检测。

这套教材的出版非常及时，为培养技能型人才做了一件大好事，我相信这套教材一定会为我国培养更多更好的高素质技术技能型人才做出贡献！

中华全国总工会副主席

高凤林

前　言

为方便读者学习制冷工（中级）职业技能等级认定的考核内容及相关知识，本书以各地多数职业技能等级认定部门都具有的活塞式制冷压缩机设备考核装置为讲述重点，系统地讲授了制冷技术基础、制冷设备的操作与调整、制冷系统常见故障的处理、制冷系统的维护保养等内容。

为使读者通过本书能够学有所得、学有所获，本书的编写原则是：在讲透彻基本原理、基本结构及工作原理，讲清楚基本电路知识的基础上，重点放在与制冷工（中级）职业技能等级认定相关知识点的阐述上，使读者能读得懂、学得会，尽快掌握制冷工（中级）职业技能等级认定考核内容及相关知识。

为提高本书的实用性，编者在编写过程中依据多年的教学心得，力求基础扎实、可操作性强，使读者在学习过程中犹如有教师在线一对一面授。另外，本书中所涉及的维修技术内容，概括了制冷工（中级）职业技能等级认定考核内容及相关知识，非常适合读者自学制冷设备维修技术，更适合中等职业学校和制冷技术培训班作为培训教材用书。

本书由李援瑛担任主编，齐长庆担任副主编，参加编写的有刘总路和赵福仁。

由于编写水平有限，书中难免有不妥之处，恳请广大读者批评指正。

编　者

目 录

项目 1

制冷技术基础

1.1 热工学基础

1.1.1 温度、压力与比体积

1. 温度

温度是表示物体冷热程度的物理量。任何物质都是由大量分子组成的，这些分子处于永不停息的热运动中，温度从宏观上反映分子热运动的剧烈程度。根据分子热运动理论，气体的温度与大量分子热运动的平均动能成正比，即气体分子热运动的平均动能越大，气体的温度就越高。

采用温度来度量物体冷热程度时，由于规定和划分的方法不同，温度的标准（简称温标）又分为摄氏温度、华氏温度和热力学温度等。

（1）摄氏温度　在标准大气压下，将水结成冰时的温度规定为 0 度，水沸腾时的温度规定为 100 度，在 0 度与 100 度之间平均分成 100 等份，每一份就叫作 1 度。按照这种规定和划分方法制定出的温度标准称为摄氏温度，单位用符号℃表示。当温度低于 0℃时，称为零下多少摄氏度，表示时在温度数值的前面加“-”号。例如零下 18℃，记作-18℃。

（2）华氏温度　在标准大气压下，将水结成冰时的温度规定为 32 度，水沸腾时的温度定为 212 度，在 32 度与 212 度之间平均分成 180 等份，每一份叫作 1 度。按照这种规定和划分方法制定出的温度标准称为华氏温度，单位用符号℉表示。当温度低于 0℉时，称为零下多少华氏度，表示时在温度数值的前面加“-”号。

（3）热力学温度　热力学温度的 0 度是根据物理学原理推导出来的最低温度，即物质内部分子运动速度为零时所对应的温度。以绝对零度为起点的温度标准叫作热力学温度，单位用符号 K 表示。

在标准大气压下，水结冰时的温度约为热力学温度的 273K，水沸腾时的温度约为热力学温度的 373K。所以，0K 约为-273℃。

根据第 18 届国际计量大会及第 77 届国际计量委员会的决议，从 1990 年 1 月 1 日开始在全世界范围内采用 1990 年国际温标（ITS-90）。针对我国情况，国家技术监督局决定，从 1991 年 7 月 1 日开始在我国采用 1990 年国际温标。

任何一种温标都包括三部分内容，即若干个赋予一定温度数值的纯物质的相变温度（简称温度固定点）、计算公式和测量仪器。1990 年国际温标与 1968 年国际实用温标（IPTS-68）相比较，上述三个部分都有较大变化，从而使得它更科学合理，所体现出的温度量值更接近热力学温度。我国已于 1994 年 1 月 1 日起全面采用 1990 年国际温标。

（4）摄氏温度、华氏温度和热力学温度之间的换算

1）摄氏温度换算成华氏温度时应按下式计算：

$$\frac{华氏温度}{℉}=\frac{9}{5}\ \frac{摄氏温度}{℃}+32$$

用数学公式表示，即

$$\frac{F}{℉}=\frac{9t}{5℃}+32$$

式中，F 为华氏温度；t 为摄氏温度。

2）华氏温度换算成摄氏温度时应按下式计算：

$$\frac{摄氏温度}{℃}=\frac{5}{9}\left(\frac{华氏温度}{℉}-32\right)$$

用数学公式表示，即

$$\frac{t}{℃}=\frac{5}{9}\left(\frac{F}{℉}-32\right)$$

式中，t 为摄氏温度；F 为华氏温度。

3）热力学温度与摄氏温度的换算关系式如下：

$$\frac{热力学温度}{K}=\frac{摄氏温度}{℃}+273.15$$

用数学公式表示，即

$$\frac{T}{K}=\frac{t}{℃}+273.15$$

式中，T 为热力学温度；t 为摄氏温度。

制冷技术中常用的温标是摄氏温度（℃）和热力学温度（K），有些进口制冷设备的技术性能参数也使用华氏温标（℉）。

测量物体温度的方法很多。由于液体和气体的体积或压力，金属或半导体的电阻，热电偶的电动势，物体发的光的颜色和波长等，都会随着温度的不同而变化，因此可利用这些性质的变化制成不同的温度计来测量温度。常用的温度计有水银温度计和酒精温度计，它们都是以摄氏度为计量单位的，使用时可根据要测量温度的范围选用不同量程的温度计。日常生活中使用的温度表，大多将摄氏温度和华氏温度两个温标的刻度标出。

2. 压力

压力是单位面积上所承受的垂直作用力，常用符号 p 表示。压力的大小取决于分子热运动的情况，在一定的容积内，分子热运动越剧烈，压力就越高，反之就越低。压力也是物体重要的状态参数。

压力可用压力表来测定。在国际单位制中，压力的单位为帕［斯卡］（Pa），实际应用时也可用兆帕［斯卡］（MPa）或巴（bar）表示，$1\text{MPa}=10^6\text{Pa}$，$1\text{bar}=10^5\text{Pa}$。在工程上，压力的单位也用 kgf/cm^2 或 mmHg 表示。

压力的标记有绝对压力、表压力和真空度三种情况。绝对压力是指容器中气体的实际压力，用 P 表示；表压力（P_g）是指压力表（或真空表）所指示的压力；而当气体的绝对压力比大气压力（P_b）还低时，容器内的绝对压力比大气压力低的数值称为真空度（P_k）。三者

之间的关系是：

$$P=P_g+P_b \text{或} P=P_b-P_k$$

工质的状态参数应该是绝对压力，而不是表压力或真空度。制冷系统的计算需要使用绝对压力，在查阅制冷技术有关的图表时，其图表所注明的压力一般为绝对压力。因此，由制冷系统中压力表所测得的读数必须经过换算。

3. 比体积

单位质量的物质所占有的体积称为比体积（曾称比容），用符号 v 表示，单位为 m^3/kg（立方米每千克）。如果质量为 m 的工质占有的体积为 V，则工质的比体积为 $v=V/m$。

单位体积工质的质量称为密度，用符号 ρ 表示，单位为 kg/m^3。显然，比体积与密度互为倒数关系，即 $\nu\rho=1$。

比体积和密度都是说明工质在某一状态下分子疏密程度的物理量，两者互不独立，通常以比体积作为状态参数。

1.1.2　热量与机械功

1. 热量

物体温度升高时要从外界吸热，而温度下降时就要向外界放热，例如：要使锅炉里的水温度升高时，必然要用燃料对其供热。因此，热量是表示物体吸热或放热多少的物理量，也是能量的一种表现形式。热量只有在热能转移过程中才有意义。热量通常用符号 Q 表示，在国际单位制中，单位是焦［耳］（J）；在工程单位制中，单位是大卡，也叫作千卡（kcal）。1 大卡是指 1kg 纯水在 1 个标准大气压条件下温度从 19.5℃上升到 20.5℃所需的热量，即

$$1J=0.2389cal$$

英制热量单位是英热单位（Btu），其定义是：1lb（磅，1lb=0.45359237kg）纯水温度上升 1℉所需要的热量为 1Btu，即

$$1Btu=0.252kcal$$

当物体温度发生变化时，物体所吸收或放出的热量与其温度变化、物体的质量和物体的材料性质等因素有关。单位质量的某种物质温度升高（或降低）1℃所吸收（或放出）的热量，称为这种物质的比，常用符号 c 表示，单位是千焦/(千克・摄氏度)［kJ/(kg・℃)］。

气体的比热容不仅与气体的种类有关，而且与气体的加热条件有关。在压力不变的条件下获得的比热容称为比定压热容，用符号 c_p 表示；在容积不变的条件下获得的比热容称为比定容热容，用符号 c_V 表示。由于定压加热时气体要膨胀，一部分热量要消耗于气体的膨胀做功，因此比定压热容 c_p 大于比定容热容 c_V。c_p 与 c_V 的比值是大于 1 的数，这个比值用符号 γ 来表示，即

$$\gamma=\frac{c_p}{c_V}$$

γ 称为比热比。γ 是说明气体特性的一个重要参数。气态的制冷剂在制冷压缩机中被压缩，压缩结束时制冷剂温度上升的程度与比热比 γ 有很大的关系。

有了热量和比热容的概念，就可以进行有关热量的计算了。

由于 $$Q_{吸}=Q_{放}$$

而 $$Q_{吸}=c_1m_1(t_2-t_1)$$

$$Q_{放}=c_2m_2(t_4-t_3)$$

故 $$c_1m_1(t_2-t_1)=c_2m_2(t_4-t_3)$$

这一关系式称为热平衡方程式。

在实际的热量计算中，通常把物体吸收的热量作为正值，放出的热量作为负值。

2. 机械功

机械功是物理学中表示力对物体作用的空间的累积的物理量。如果一个物体受到力的作用，并在力的方向上发生了一段位移，就说这个力对物体做了功。

机械功是标量，其大小等于力与其作用点位移的乘积，国际单位制单位为焦［耳］(J)。焦［耳］被定义为用1N的力使一物体发生1m的位移时所做的机械功的大小。

机械功的非国际单位制单位包括尔格（erg）、英尺磅力（ft·lbf）、千瓦［小］时(kW·h)、大气压力、马力［小］时（hp·h）。偶尔会见到以热能形式表示的机械功单位，如cal、Btu等。

1.1.3 热传递

物质（系统）内的热量转移的过程叫作热传递。在制冷系统中，希望一部分器件（蒸发器、冷凝器）热量传递的速度加快，而希望另一部分器件（箱体的保温层）热量传递的速度缓慢。

根据热量传递的物理过程不同，热传递有三种方式，即热传导、对流和热辐射。在实际的传热过程中，这三种方式往往是相互伴随着进行的。

（1）热传导　热传导也称为导热，它是指热量从系统的一部分传递到另一部分或由一个系统传递到另一个系统的现象。

固体中热量的传递，热传导是主要方式。在气体或液体中，热传导过程往往和对流同时发生。

在物体导热过程中，可以引出另一个概念：导热系数（也称为热导率）。导热系数是用来说明材料传导热量能力的一个热物理特性指标。以单层平面壁导热为例，在稳定的导热条件下，通过壁面传导的热量 Q（单位为kJ），与平面壁材料的导热系数、壁面之间的温差、传热面积和传热时间成正比，与平面壁的厚度成反比，即

$$Q=\frac{\lambda}{\delta}(t_w-t_n)FZ$$

式中，λ 为平面壁材料的导热系数［kJ/(m·h·℃)］；δ 为平面壁的厚度（m）；F 为平面壁的表面积（m^2）；t_w、t_n 分别为平面壁的外表面和内表面的温度（℃）；Z 为传热时间（h）。

导热系数与材料的成分、密度和分子结构等因素有关。影响导热系数大小的主要因素是材料的比体积和湿度：一般比体积越大，导热系数也越大；材料的湿度越大，导热系数也就显著增大。金属材料的导热系数比非金属材料大得多。表1-1列出了几种制冷装置中常用材料的导热系数。

表 1-1　制冷装置中常用材料的导热系数

材料名称	导热系数 λ	
	W/(m·℃)	kJ/(m·h·℃)
纯铜	348.9~383.8	1256~1381
黄铜	85.5	308
铝	203.5	733
铸铁	74.4	268
低碳钢	52.3	188
聚苯乙烯泡沫塑料	0.035	0.125
聚氨酯泡沫塑料	0.022	0.079
乳液聚苯乙烯泡沫塑料	0.034	0.12
玻璃纤维	0.035	0.125
空气	0.024	0.088
水	0.547	1.97
水垢	1.163~3.489	4.186~12.56
油膜	0.14	0.5
R22（液体）	0.116	0.42
R22（气体）	0.145	0.052
R717（液体）	0.057	0.205
R717（气体）	0.033	0.117

（2）对流　对流是指在气体或液体中进行的热传递，是由于温度差引起的密度差、压力差而引起的。温度低的液体或气体的相对密度大，因重力作用而向下流动，温度高的液体或气体因其相对密度较小而上升，这样就形成了上下对流。对流可分为自然对流和强迫对流两种。自然对流是由于温度不均匀而引起的。强迫对流是由于外界因素对流体的影响而形成的。

制冷机中制冷工质与外界的热传递，除了通过系统内制冷工质的对流方式进行以外，同时还要通过蒸发器或冷凝器的管壁传导方式进行。这种流动着的流体（气体或液体）和固体壁面接触的换热方式，叫作对流换热。对流换热时的传热量 Q，与流体流动时接触壁面的面积、流体与壁面的温度差成正比，即

$$Q=\alpha F\Delta t$$

式中，α 为对流换热放热系数，简称放热系数［kJ/(m^2·℃)］；F 为流体与固体壁面的接触面积（m^2）；Δt 为流体与固体壁面的温度差（℃）。

由于对流传热的情况很复杂，影响 α 的因素也很多，主要有流体的性质、流体的流速以及传热面的几何形状等，因此放热系数 α 的差别也很大。

（3）热辐射　热辐射是指物体之间在互不接触的情况下，将热量直接从一个系统传给另一个系统。热辐射以电磁辐射的形式发出能量，物体的温度越高，表面越黑越粗糙，辐射能量就越强。

在制冷装置的热传递过程中，起决定作用的热传递方式是热传导和对流两种，通常不考虑热辐射。

1.1.4 物质的相变

1. 相与相变

（1）相　相是指在没有外力作用下，物理化学性质完全相同且成分相同的均匀物质的聚集态。通常的气体和纯液体都只有一个相。相变过程也就是物质结构发生突然变化的过程。在相变中都伴随有某些物理性质的突然变化。

（2）汽化与凝结

1）凝结：物质由气相变为液相的过程称为凝结。

2）汽化：汽化是指物质由液相变为气相的过程，有蒸发、沸腾两种形式。

3）汽化热：温度不变时，单位质量的液体汽化过程中所吸收的热量称为汽化热。

4）蒸发与沸腾：蒸发发生在液体表面，任何温度都在进行；沸腾发生在整个液体表面及内部，只在沸点下进行。沸腾时相变仍在气液分界面上以蒸发方式进行，只是液体内部大量涌现小气泡，因而大大增加了气液之间的分界面。由于分子处于永不停息的热运动中，那些热运动动能较大的分子能挣脱其他分子对它的吸引而从液面上跑出来。同样，液面上方的蒸气分子也不断地返回液体中。逸出液面的分子数多于被液面俘获的分子数时的物质迁移称为蒸发。被液面俘获的分子数多于逸出液面的分子数时的物质迁移称为凝结。

5）蒸发制冷：液体蒸发时，从液面跑出的分子要克服液体表面分子对它的吸引力而做功，需吸收能量。若外界不供热或供热不足，蒸发的结果将使液体温度降低。

（3）饱和蒸气及饱和蒸气压

1）饱和蒸气：在气、液两相共存时满足力学、热学、化学平衡条件的蒸气相。

2）饱和蒸气压：饱和蒸气的压强，与液体的种类、温度、液面形状有关。

3）饱和蒸气压曲线：描述饱和蒸气压随温度变化的曲线。

2. 显热和潜热

在对物质进行加热（或冷却）过程中，物质的温度、状态将发生改变（即相变）。物质在加热（或冷却）过程中，温度升高（或降低）所吸收（或放出）的热量叫作显热，用符号$Q_{显}$表示。不论是气体、液体还是固体，只要知道它的比热容 c、质量 m 以及温度变化量 Δt，就可以通过下式计算出它的显热：

$$Q_{显}=cm\Delta t$$

物质在加热（或冷却）过程中，只改变原有状态，而温度不发生变化，这种改变状态所消耗（或得到）的热量叫作潜热，用符号 $Q_{潜}$ 表示。

物质状态变化的种类不同，潜热的种类也不同，见表 1-2。

表 1-2　潜热的种类

应吸收的热量		应放出的热量	
状态的变化	潜热种类	状态的变化	潜热种类
液体→气体	蒸发潜热	气体→液体	凝结潜热
固体→液体	熔化潜热	液体→固体	凝固潜热
固体→气体	升华潜热	气体→固体	凝华潜热

表1-3列出了常用制冷物质的潜热。

表1-3　常用制冷物质的潜热

物　质	潜热的种类	潜热/(kJ/kg)
R718（液体）	蒸发潜热	2219~2512
R717（液体）	蒸发潜热	1256~1382
R12（液体）	蒸发潜热	167.5
R22（液体）	蒸发潜热	234.5
冰	熔化潜热	334.9
干冰	升华潜热	573.6

制冷机中的制冷剂一般选用潜热数值大的物质。制冷机是利用液体制冷剂在蒸发时要吸收大量热量来达到制冷目的的，这个热量就是蒸发潜热。天然冰冷藏物品，就是利用冰在融化时吸收熔化潜热来达到冷却降温目的的；干冰冷却降温则是利用升华潜热。

1.2　制冷基础原理及应用

1.2.1　蒸气压缩式制冷循环

1. 单级压缩式制冷循环

液体汽化的吸热作用可用来制冷，如氨液汽化、氟利昂汽化都有良好的吸热制冷能力。但是，如果液体汽化后排放到大气中，则既浪费又污染环境，且制冷效应只能维持到液体全部汽化为止。为了解决上述问题，必须设法将汽化后的蒸气恢复到液体状态再重复利用。这就需要通过制冷压缩机和冷凝器等来完成。理论上，最简单的蒸气压缩式制冷循环系统由制冷压缩机、冷凝器、膨胀阀（又称为节流阀，后文简称膨胀阀）、蒸发器四个部分组成，全部系统的构件由管道依次连接，如图1-1所示。

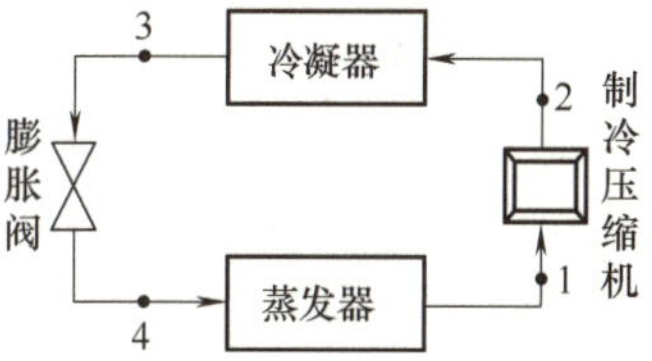

图1-1　最简单的蒸气压缩式制冷循环系统

以氨制冷剂为例，从蒸发器出来的氨的低压低温蒸气被吸入制冷压缩机内（状态1），压缩成高压高温的过热氨蒸气（状态2），然后进入冷凝器。由于高压高温过热氨蒸气的温度高于其环境介质的温度，且其压力使氨蒸气能在常温下凝结成液体状态（状态3），因而排至冷凝器时，经冷却、凝结成为高压常温的氨液。高压常温的氨液通过膨胀阀时，因节流而降压，在压力降低的同时，氨液因沸腾蒸发吸热使其本身的温度也相应下降，从而变成了低压低温的氨液。把这种低压低温的氨液引入蒸发器吸热蒸发（状态4），即可使其周围空气及物料的温度下降而达到制冷的目的。从蒸发器出来的低压低温氨蒸气重新进入制冷压缩机，从而完成一个制冷循环。然后重复上述过程。

2. 双级压缩式制冷循环

（1）采用双级压缩式制冷循环的原因　制冷系统的冷凝温度（或冷凝压力）取决于冷却剂（或环境）的温度，而蒸发温度（或蒸发压力）取决于制冷要求。由于生产的发展，对制

冷温度的要求越来越低，因此，在很多制冷实际应用中，制冷压缩机要在高压端压力（冷凝压力）对低压端压力（蒸发压力）的比值（即压缩比）很高的条件下进行工作。由理想气体的状态方程 $pV/T=C$ 可知，此时若采用单级压缩式制冷循环，则压缩终了过热蒸气的温度必然会很高，就会产生许多问题：

1）制冷压缩机的输气系数 λ 大大降低，且当压缩比≥20 时，$\lambda=0$。

2）制冷压缩机的单位质量制冷量（简称单位制冷量）和单位容积制冷量都大为降低。

3）制冷压缩机的功耗增加，制冷系数下降。

4）必须采用高着火点的润滑油，因为润滑油的黏度随温度升高而降低。

5）被高温过热蒸气带出的润滑油增多，增加了油分离器的负荷，而且降低了冷凝器的传热性能。

综上所述，当压缩比过高时，采用单级压缩式制冷循环不仅是不经济的，而且甚至是不可能的。为了解决上述问题，满足生产要求，实际中常采用带有中间冷却器的双级压缩式制冷循环。但是，双级压缩式制冷循环所需的设备投资较单级压缩式制冷循环要大得多，且操作也更复杂。因此，采用双级压缩式制冷循环并非在任何情况下都是有利的，一般当压缩比>8 时，采用双级压缩式制冷循环较为经济合理。

（2）双级压缩式制冷循环系统的组成及常见形式　双级压缩式制冷循环是指来自蒸发器的制冷剂蒸气要经过低压级与高压级制冷压缩机的两次压缩后才进入冷凝器，并在两次压缩中间设置中间冷却器。双级压缩式制冷循环系统可以是由两台制冷压缩机组成的双机（其中一台为低压级制冷压缩机，另一台为高压级制冷压缩机）双级系统；也可以是由一台制冷压缩机组成的单机双级系统，其中一个或两个气缸作为高压缸，其余几个气缸作为低压缸，其高、低压气缸数量之比一般为 1∶3 或 1∶2。

双级压缩式制冷循环由于节流方式和中间冷却程度不同而有不同的循环方式，通常有两次节流中间完全冷却、两次节流中间不完全冷却、一次节流中间完全冷却和一次节流中间不完全冷却四种。其中，两次节流是指制冷剂从冷凝器出来要先后经过两个膨胀阀再进入蒸发器，即先由冷凝压力节流到中间压力，再由中间压力节流到蒸发压力，而一次节流只经过一个膨胀阀，大部分制冷剂从冷凝压力直接节流到蒸发压力。相比之下，一次节流系统比较简单，且可以利用其较大的压力差实现远距离或高层冷库的供液。因此，实践中采用的基本上都是一次节流双级压缩式制冷循环系统。双级压缩式氨制冷系统通常采用中间完全冷却方式。

（3）一次节流中间完全冷却的双级压缩式制冷循环系统　这个系统的特点是采用了盘管式中间冷却器，它既有两次节流的减少节流损失的效果，又可起到对低压级排气完全冷却的作用，如图 1-2 所示。

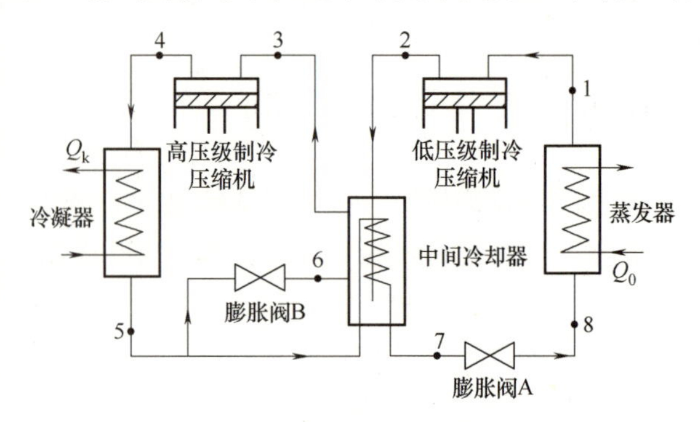

图 1-2　一次节流中间完全冷却的双级压缩式制冷循环系统

其工作过程是：在蒸发器中产生的低压低温制冷剂蒸气（状态 1），被低压级制冷压缩机吸入并压缩成中间压力的过热蒸气（状态 2），然后进入同一压力的中间冷却器，在中间冷却器内被冷却成干饱和蒸

气（状态3）。中间压力的干饱和蒸气又被高压级制冷压缩机吸入并压缩成冷凝压力的过热蒸气（状态4），随后进入冷凝器被冷凝成液体制冷剂（状态5）。然后分成两路，一路经膨胀阀B节流降压后（状态6）进入中间冷却器，大部分液体从另一路进入中间冷却器的盘管内过冷（状态7），但由于存在传热温差，故其在盘管内不可能被冷却到中间温度，而是一般比中间温度高3~5℃。过冷后的液体再经过主膨胀阀A节流降压成低温低压的过冷液（状态8），最后进入蒸发器吸热蒸发，产生冷效应。

这种循环系统适用于R717与R22的双级压缩式制冷循环系统中。

（4）两次节流中间完全冷却的双级压缩式制冷循环系统　两次节流中间完全冷却的双级压缩式制冷循环系统如图1-3所示。

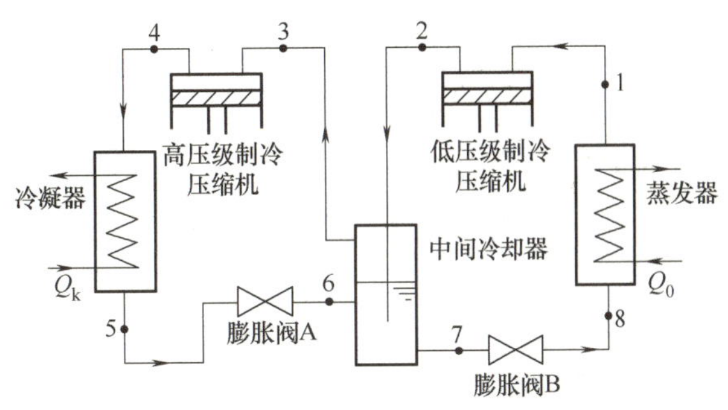

图1-3　两次节流中间完全冷却的双级压缩式制冷循环系统

这个系统的特点是采用了闪发式中间冷却器，它可以起到两个作用：其一是相当于两次节流的中间液体分离器；其二是利用一小部分液体的吸热蒸发作用，对低压级排气进行完全中间冷却。这种形式的制冷循环系统适用于R717与R22的双级压缩式制冷循环系统中。为了防止从中间冷却器出来的饱和液体在管路中闪发成蒸气，通常要求中间冷却器与蒸发器之间的距离要近。其工作过程类似于一次节流中间完全冷却的双级压缩式制冷循环系统。

综上分析可知，采用双级压缩式制冷循环，不但降低了高压级制冷压缩机的排气温度，改善了制冷压缩机的润滑条件，而且由于各级压缩比都比较小，制冷压缩机的输气系数得以大大提高。此外，双级压缩式制冷循环系统的功耗也比单级压缩式制冷循环系统更低。

1.2.2　制冷循环的性能与工况

1. 热工的基本计算单位

在分析上述蒸气压缩式制冷循环系统的过程中，其计算单位主要有：

（1）单位质量制冷量　节流后的每千克制冷剂湿蒸气在恒定的蒸发压力p_0下，在流经蒸发器的过程中不断蒸发吸取的热量，称为单位质量制冷量，用符号Q_0表示，单位是kJ/kg。

（2）单位质量绝热压缩功　活塞对进入制冷压缩机气缸中每千克制冷剂蒸气所做的功，称为单位质量绝热压缩功（简称单位绝热功），用符号A_1表示，单位是kJ/kg。

（3）单位质量冷凝热量　流经冷凝器中的每千克制冷剂向外界介质散放的热量，称为单位质量冷凝热量（简称单位冷凝热量），用符号Q_k表示，单位是kJ/kg。

（4）单位容积制冷量　每立方米制冷剂在蒸发时所吸收的热量，称为单位容积制冷量，用符号Q_V表示，单位是kJ/m^3。

（5）制冷系数　根据热力学第一定律和第二定律所指出的功热间的转换，以制冷系数作为表示制冷循环的效能（性能系数）的热工概念。单位质量制冷量Q_0与单位质量绝热压缩功A_1之比称为制冷系数，用符号ε_0表示。

2. 制冷的工况

标准工况是指制冷压缩机在一种特定工作温度条件下的运转工况。制造厂在机器铭牌上标出的制冷量一般都是指标准工况下的制冷量。

制冷压缩机由于使用工质和使用条件的不同，有不同的制冷量。为了比较制冷压缩机的制冷能力，制定了几种工况。其中，标准工况和空调工况是常用来比较制冷压缩机制冷能力的两种工况。

（1）单级制冷压缩机的标准工况

1）工质为 R717 时，蒸发温度为-5℃，吸气温度为-10℃，冷凝温度为 30℃，过冷温度为 25℃。

2）工质为 R22 时，蒸发温度为-15℃，吸气温度为 15℃，冷凝温度为 30℃，过冷温度为 25℃。

（2）单级制冷压缩机的空调工况

1）工质为 R717 时，蒸发温度为-5℃，吸气温度为-10℃，冷凝温度为 40℃，过冷温度为 35℃。

2）工质为 R22 时，蒸发温度为-5℃，吸气温度为 15℃，冷凝温度为 35℃，过冷温度为 30℃。

1.2.3 食品冷冻冷藏工艺

食品冷冻工艺主要包括食品冷却、冻结、冷藏、解冻的方法，冷冻过程中食品发生的物理、化学和组织细胞学的变化，以及利用低温最佳保藏食品和加工食品的方法。

食品包括新鲜食品和加工食品两大类。新鲜食品包括植物性食品（蔬菜、水果等）、动物性食品（猪肉、牛肉、羊肉等畜产品，家禽肉，乳及乳制品，蛋，鱼、贝类、虾、蟹、甲壳类等水产品）。加工食品包括农产物加工品、畜产物加工品、水产物加工品和调理加工食品。

食品的冷却是指将食品的温度降低到指定的温度，但不低于食品汁液的冻结点。冷却的温度带通常在 10℃以下，下限是 0~4℃。食品冷却保存可延长其贮藏期，并能保持其新鲜状态。但是，由于在冷却温度下细菌、霉菌等微生物仍能生长繁殖，所以被冷却的鱼、肉类等动物性食品也只能作短期贮藏。

食品的冻结是指将食品的温度降低到冻结点以下，使食品中的大部分水分冻结成冰。冻结温度带国际上推荐为-18℃以下。冻结食品中，微生物的生命活动及酶的生化作用均受到抑制，水分活性下降，因此冻结食品可作长期贮藏。

食品的冷藏是指在维持食品冷却或冻结最终温度的条件下，将食品作不同期限的低温贮藏。根据食品冷却或冻结最终温度的不同，冷藏又可分为冷却物冷藏和冻结物冷藏两种。

冻结食品的解冻是将冻品中的冰结晶融化成水，恢复冻前的新鲜状态。解冻是冻结的逆过程。作为食品加工原料的冻结品，通常只需要升温至半解冻状态即可。

商品冷藏与冷冻的区分，是以储存时库房内环境控制温度的高低为依据的。所谓冷藏是将环境温度控制在 0~5℃进行储存，在该温度下，商品体内的水分不至于冻结，因此不会破坏商品的内部组织结构，具有保鲜的作用。但是，在冷藏条件下，微生物的生理活动还能够进行，繁殖能力虽然有所降低，但仍然对商品安全储存存在一定的威胁。所以，冷藏商品的储存时间相对来说比较短。冷冻是将环境温度控制在0℃以下进行储存。这时，商品体内的水分与环境水分一样，都处于冻结状态，商品自身的新陈代谢活动也基本停止，微生物的繁殖及其他生理活动也处于停滞状态，从而使商品的防腐能力大大加强，储存时间也相对延长了很多。

冷冻储存的方式有一般冷冻和速冻两种。一般冷冻是指采取逐步降低环境温度的方式缓慢降湿，达到一定的控制温度时即停止降湿。而速冻则是在较短的时间内将环境温度降低到控制温度以下，使环境水分和商品体水分在极短的时间内完全冻结，然后再逐步恢复到希望达到的控制湿度。速冻一般不会破坏商品的细胞组织，因此具有较好的保鲜作用。例如：对冻家禽肉来说，理想的储存温度为-25℃左右，如果采取一般冷冻的方法，将鲜肉进行清洁处理并采取适当的方式包装好之后，放入冷冻间，通过冷冻设备将冷冻间的温度逐步降低，经过一段时间后，冷冻间内温度及冻肉温度均下降到-25℃，这时停止降温处理，使冻肉始终处于这一冷冻温度下进行储存。

此外，为了让建造冷库更物有所值，还开发了一些在食品冻结点附近随时保存的新方法，具有代表性的是冰温贮藏和微冻贮藏。冰温贮藏是指将食品贮藏在0℃以下至各自的冻结点的范围内，是属于非冻结保存。冰温贮藏可延长食品贮藏期，但可利用的温度范围狭小（一般为-2~-0.5℃），故温度带的设定十分困难。微冻贮藏主要是指将水产品放在-3℃空气或食盐水中保存的方法，由于在略低于冻结点以下的微冻温度下保藏，鱼体内部的水分发生冻结，对微生物有显著的抑制作用，使鱼体能在较长时间内保持其鲜度而不发生腐败变质，能比冰鲜保藏（冰鲜保藏是指将需要保存的食品和冰放在一起，利用冰块降温进行食品保存）时间延长1.5~2倍。

1.3　安全生产

1.3.1　安全检测和保障措施

1. 压力容器、压力管道、安全阀、压力表的定期检验

(1) 压力容器的定期检验　按照TSG R7001—2013《压力容器定期检验规则》的规定，压力容器使用单位必须认真安排压力容器的定期检验工作，定期对压力容器进行检验。

压力容器定期检验是指特种设备检验机构（以下简称检验机构）按照一定的时间周期，在压力容器停机时，根据有关规定对在用压力容器的安全状况所进行的符合性验证活动。压力容器一般于投用后3年内进行首次定期检验。以后的检验周期由检验机构根据压力容器安全状况等级，按以下要求确定：安全状况等级为1、2级的，一般每6年检验一次；安全状况等级为3级的，一般每3~6年检验一次；安全状况等级为4级的，监控使用，其检验周期由检验机构确定，累计监控使用时间不得超过3年，在监控使用期间，使用单位应当采取有效的监控措施；安全状况等级为5级的，应当对缺陷进行处理，否则不得继续使用。

(2) 管道的定期检验　管道定期检验分为在线检验和全面检验。在线检验是指在运行条件下对在用管道进行的检验，在线检验每年至少1次（也称为年度检验）；全面检验是按一定的检验周期在管道停车期间进行的较为全面的检验。GC1、GC2级压力管道的全面检验周期一

般不超过 6 年，按照基于风险检验（RBI）的结果确定的检验周期，一般不超过 9 年；GC3 级压力管道的全面检验周期一般不超过 9 年。属于下列情况之一的压力管道，应当适当缩短检验周期：

1）新投用的 GC1、GC2 级压力管道（首次检验周期一般不超过 3 年）。

2）发现应力腐蚀或者严重局部腐蚀的压力管道。

3）承受交变载荷，可能导致疲劳失效的压力管道。

4）材质产生劣化的压力管道。

5）在线检验中发现存在严重问题的压力管道。

6）检验人员和使用单位认为需要缩短检验周期的压力管道。

对于确实无法停机的系统，在确保人员安全的情况下，可以在不停机的状态下，对压力管道进行以下项目的检验，以替代全面检验（列入隐患整治范围的管道除外）。检验项目一般应该包括资料审查、宏观检验、高低压侧的剩余壁厚抽查、埋藏缺陷抽查以及安全附件检查。必要时，还可以进行压力试验。

（3）安全保护装置实行定期检验制度　安全保护装置的定期检验按照有关安全技术规范的规定进行。对安全阀、压力表等应按照有关规定进行定期检验。

2. 安全生产规章制度

（1）安全操作规程

1）运行管理人员必须了解制冷系统运行过程中产生人身事故和设备事故的原因、采取的措施和防止的方法。

2）了解制冷系统的工艺流程、各设备的作用和安全操作须知。

3）掌握制冷剂泄漏时的处理方法和人员中毒后的急救措施。

4）掌握各安全保护装置和控制装置的作用、故障的判断方法、失效形式及其判断方法。

5）掌握制冷系统的运行操作程序、紧急停机的处理方法等。

6）具备采取紧急措施预防、处理紧急事故的能力。

7）建立完备的规章制度和安全责任制度。

8）掌握制冷作业规程中对于制冷系统安装、运行、维修的要求及对人身防护的要求。

9）检修有毒、易燃、易爆物的容器或设备时，应先严格清洗、检查合格、打开空气通道后，方可操作。

10）工作环境应干燥整洁，不得堵塞通道。

（2）制冷设备的运行管理制度

1）交接班制度。当制冷系统的设备运行超过 8h 时，制冷系统的运行管理人员相应地需要多人多班轮换上岗值班，因此交接班制度是一项使上下班衔接生产、交代责任、互相检查、保证安全生产连续进行的重要措施。该制度所规定的交接事项一般有：任务的完成情况、质量情况；设备的完好情况；工具、用具、仪器仪表、安全装置的使用情况；安全生产预防措施，人身防护用具和措施；本班所完成和未完成的事项及事故、故障处理过程等。

2）巡回检查制度。巡回检查制度是要求操作人员对所监控或运行的设备、系统的要害部位进行检查的制度。要求操作人员根据安全和生产工艺流程特点选用科学的检查路线和顺序，定时或定期地对生产设备等重要部位进行全面检查，掌握设备运行的情况，做好记

录，发现故障和问题及时处理。这也是消除事故隐患、避免事故发生的有效措施之一。

1.3.2　防护用品及其使用方法

1. 制冷剂气瓶的安全使用要求

1）操作人员启闭气瓶阀门时，应站在阀门侧面缓慢开启或关闭。

2）气瓶阀门出现冻结时，应把气瓶移到较暖的地方，或用清洁的温水解冻，严禁用火烘烤。

3）氨气瓶应防止跌倒，禁止敲击和碰撞。

4）气瓶不得靠近热源，与明火的距离不得小于10m；夏季要防止日光暴晒。

5）瓶中气体不能用尽，必须留有剩余压力。

2. 制冷剂气瓶运输的安全要求

1）旋紧瓶帽，轻装轻卸，严禁抛、滑、滚动或撞击。

2）气瓶在车上应妥善固定；在汽车上应横向排列，方向一致；装车高度不得超过车体两侧的挡板。

3）夏季要有遮阳措施，防止暴晒。

4）车上禁止烟火，禁止坐人，并应有防止氨气泄漏的专用工具。

5）严禁与氧气瓶、氢气瓶等易燃易爆物品同车运输。

3. 制冷剂气瓶储存的安全要求

1）专用气瓶仓库与其他建筑物之间的距离不应小于25m，与住宅和公共建筑物的距离不应小于50m。

2）仓库内不应有明火或其他取暖设备，应有良好的自然通风或机械通风设备。

3）氨气瓶严禁与氧气瓶、氢气瓶同室存放，以免引起燃烧和爆炸，并应在附近设置消防器材。

4）旋紧瓶帽，放置整齐，妥善固定，留有通道，堆放不应超过5层，防振圈等附件应齐全。

5）禁止将有氨液的气瓶储存在机器设备间内。临时存放气瓶，在室外要远离热源，防止阳光暴晒；在室内应选择通风良好、便于保管的独立建筑。

4. 防护用品、安全用具的管理

防护用品、安全用具可根据具体情况设置兼职保管员保管，并由制冷站负责人负责，还应经常检查并保证其处于完好状态；应规定存放地点，并且不允许放在潮湿、具有腐蚀介质的环境中。

5. 消防器材与设施

（1）消防器材　消防器材是指用于灭火、防火以及火灾事故的器材，它可分为灭火器具、消火栓、破拆工具类三类。

1）灭火器具包括七氟丙烷灭火装置、二氧化碳灭火器、干粉型灭火器、灭火器挂具、泡沫灭火器、水基型灭火器及其他灭火器具等。

最常见的消防器材是灭火器，它按驱动灭火器的压力型式可分为贮气瓶式灭火器和贮压式灭火器两类。

① 贮气瓶式灭火器：灭火剂由贮气瓶释放的压缩气体或液化气体的压力驱动的灭火器称为贮气瓶式灭火器。

② 贮压式灭火器：灭火剂由贮于灭火器同一容器内的压缩气体或灭火剂蒸气压力驱动的灭火器称为贮压式灭火器。

2）消火栓包括室内消火栓系统和室外消火栓系统。室内消火栓系统包括室内消火栓、水带、水枪。室外消火栓包括地上和地下两大类。室外消火栓在大型石化企业的消防设施中使用比较广泛。由于各地区的安装条件、使用场地不同，消火栓还会受到不同的限制。石化企业的消防水系统已多数采用稳高压水系统，消火栓也由普通型渐渐转化为可调压型消火栓。

3）破拆工具类包括消防斧、切割工具等。

除此之外，还有消防系统，如火灾自动报警系统、自动喷水灭火系统、防排烟系统、防火分隔系统、消防广播系统、气体灭火系统和应急疏散系统等。

（2）消防器材的管理

1）消防器材要定点摆放，不能随意挪动。

2）定期对灭火器进行普查并更换灭火剂，定期巡查消防器材，使其处于完好状态。

3）消防器材要定人管理。经常检查消防器材，发现丢失、损坏后应立即上报并及时补充，做到消防器材管理责任到人。

（3）灭火器的使用

灭火器是一种可由人力移动的轻便灭火器具，它能在其内部压力的作用下，将所充装的灭火剂喷出，用来扑救火灾。灭火器种类繁多，其适用范围也有所不同，只有正确选择灭火器的类型，才能有效地扑救不同种类的火灾，达到预期的效果。我国现行的国家标准将灭火器分为手提式灭火器和推车式灭火器。

常见的手提式灭火器有手提式干粉灭火器、手提式二氧化碳灭火器。在宾馆、饭店、影剧院、医院、学校等公众聚集场所使用的多是磷酸铵盐干粉灭火器（俗称“ABC 干粉灭火器”）和二氧化碳灭火器，在加油、加气站等场所使用的是碳酸氢钠干粉灭火器（俗称“BC 干粉灭火器”）和二氧化碳灭火器。根据二氧化碳既不能燃烧也不能支持燃烧的性质，人们研制出了各种各样的二氧化碳灭火器，有泡沫灭火器、干粉灭火器及液体二氧化碳灭火器等。

干粉灭火器内充装的是干粉灭火剂。干粉灭火剂是用于灭火的干燥且易于流动的微细固体粉末，由具有灭火效能的无机盐和少量的添加剂经干燥、粉碎、混合而成，通过覆盖至火焰表面隔绝空气，使其无法继续燃烧，从而达到灭火的效果。

手提式干粉式灭火器的使用：可手提或肩扛灭火器快速奔赴火灾现场，在距燃烧处 5m 左右放下灭火器。如在室外，应选择在上风方向喷射。使用的干粉灭火器若是外挂式贮压式的，操作者应一手紧握喷枪，另一手提起贮气瓶上的开启提环。如果贮气瓶的开启是手轮式的，则向逆时针方向旋开，并旋到最高位置，随即提起灭火器。当干粉喷出后，迅速对准火焰的根部扫射。使用的干粉灭火器若是内置贮气瓶式的或者是贮压式的，操作者应先将开启把上的保险销拔下，然后握住喷射软管前端喷嘴部，另一只手将开启压把压下，打开灭火器进行灭火。有喷射软管的灭火器或贮压式灭火器在使用时，一手应始终压下压把，不能放开，否则会中断喷射。

使用干粉灭火器扑救可燃、易燃液体火灾时，应对准火焰要部扫射。如果被扑救的液体

火灾呈流淌燃烧时，应对准火焰根部由近而远并左右扫射，直至把火焰全部扑灭。如果可燃液体在容器内燃烧，使用者应对准火焰根部左右晃动扫射，使喷射出的干粉流覆盖整个容器开口表面；当火焰被赶出容器时，使用者仍应继续喷射，直至将火焰全部扑灭。在扑救容器内可燃液体火灾时，应注意不能将喷嘴直接对准液面喷射，防止喷流的冲击力使可燃液体溅出而扩大火势，造成灭火困难。如果当可燃液体在金属容器中燃烧时间过长，容器的壁温已高于可燃液体的自燃点，此时极易造成灭火后再复燃的现象，若与泡沫类灭火器联用，则灭火效果更佳。

使用干粉灭火器扑救固体可燃物火灾时，应对准燃烧最猛烈处喷射，并上下、左右扫射。如条件许可，使用者可提着灭火器沿着燃烧物的四周边走边喷，使干粉灭火剂均匀地喷在燃烧物的表面，直至将火焰全部扑灭。

1.3.3 人身安全与紧急救护

1. 制冷剂伤害的防护与救治

（1）预防措施

1）操作人员必须遵守操作规程和安全操作规程。

2）必须有防毒面具、橡胶手套、防毒衣具、胶鞋及医疗救护用的药品，并完好地放置在机房进口的专用箱内。

3）为确保防护用品的有效性能，防毒面具应每年至少检查一次。

（2）紧急医疗措施

1）立即将中毒者转移到空气新鲜的地方。

2）如中毒者呼吸困难应立即进行人工呼吸。

3）立即就近就医或拨打120急救电话。

4）尽可能地更换衣服。

5）若液体制冷剂落到皮肤上，必须迅速用大量清水或酸冲洗（但不能用酸冲洗眼睛），在制冷剂液体未洗净前，不得用纱布遮盖伤处。

6）让中毒者吸入1%~2%的柠檬酸溶液的暖气体。

7）让中毒者喝柠檬酸水或3%的乳酸溶液。

（3）防毒面具的使用　防毒面具是一种过滤式双层橡胶边缘的个人呼吸道防护器材，能有效保护佩戴人员的面部、眼睛和呼吸道免受毒剂、生物制剂和放射性尘埃的伤害，可供工业、农业、医疗、科研等不同领域的人员使用。

1）防毒面具是在有毒、有害环境下使用的产品，未经专业培训的人员不得随意拆卸。

2）防毒面具不得在65℃以上环境中使用，也不得在高温环境中存放。

3）防毒面具滤毒盒吸湿后会降低防毒能力，平时要严防滤毒盒进水。

4）防毒面具应储存在阴凉干燥的地方，并不得接触有机溶剂。

（4）防护服的使用

1）防护服属于皮肤防护器材，在使用过程中，要注意在化学防护服被化学物质持续污染时，必须在其规定的防护时间内更换。若化学防护服发生破损，应立即更换。

2）穿着化学防护服前一定要保证其适用性，也就是防护服是否处于完好的状态；还要进

行外观检查，查看防护服外表有没有污染、缝线是否开裂、衣服有没有破口等。对于气密性防护服来说，要用专门的气密性检测仪定期进行气密性检测，以便在应急穿着时防护服能发挥作用。穿着前的检查非常重要，不可马虎。如果仅凭经验判断，认为它是安全的装备，而实际上并不安全的情况下，可能会造成严重的伤害事故。

（5）正压式空气呼吸器的使用

1）氧气呼吸器的工作原理：氧气呼吸器是借助人体肺力而动作的一种呼吸器，由人体呼出的气体进入清净罐，气体中的CO_2被吸收剂除掉，残余的气体与氧气瓶储存的氧气混合后组成新鲜空气被呼入肺部，并循环工作。

2）呼吸器的使用方法：将头和左臂穿过悬挂的皮带，使其落于右肩上，再用紧身皮带把呼吸器固定在左侧腰际。打开气瓶开关，手按补给钮，排除污气；检查压力表示数，核对工作时间。把覆面由头顶套入，带向下颌，使其保持气密性，但又不要太紧。矫正眼镜框的位置，使其适合视线。

（6）急救药品的使用

1）预防措施：制冷系统的操作人员对工作要认真负责，确保机器设备和管道保持密封性良好，不能有泄漏。机房必须具有救护用药品，并应妥善放置在机房进口的专用箱内，以便于取用。

2）制冷设备运行、维护和修理工作场所配备的抢救药品一般为柠檬酸、醋酸、硼酸和烫伤药膏，其中柠檬酸、醋酸和硼酸仅氨制冷场所需要。

（7）制冷剂伤害的种类及处理措施　一旦发生事故，出现氨中毒、冻伤、灼伤等受伤害的人员，要在联系医疗机构的同时尽快予以现场救护。

1）冻伤。人体和制冷剂接触后会造成冻伤，而较大剂量的制冷剂和人体衣物接触后会造成衣物和皮肤冻结。

卤代烃类制冷剂溅到皮肤或衣物上时，应立即用常温水冲洗。溅到皮肤上发生单纯性冻伤时，冲洗后可用常温水浸泡，水温宜30~40℃，不可过高或过低；发生大面积冻伤时，要边浸泡边送往医院。

当少量制冷剂溅到衣服上时，冲洗后可脱下衣服，然后再进行冲洗或浸泡。当大量制冷剂溅到衣服上或浸透衣物时，则应一边冲洗一边剪开衣服，不可硬脱，以免造成皮肤大面积严重损伤。

2）灼伤。氨液溅到皮肤上会同时产生化学灼伤和冻伤，此时要用清水或2%的硼酸水溶液冲洗，注意水温不得超过46℃。

如氨液溅到眼睛里，需立即用大量常温清水、生理盐水或2%的硼酸水溶液冲洗，冲洗时眼皮一定要轻轻翻开，使水布满全眼，并送入医院救治。在这种情况下，前5min是救治的关键时间，绝不可延误。

3）氨中毒。当氨气被人体吸入，呼吸道受氨刺激较大或通过皮肤吸收较多时，会产生氨中毒。发生这种情况时，无论中毒程度轻重，首先要将伤员转移到有新鲜空气处再进行救护，避免伤员继续吸入含氨的空气。

呼吸道受氨气刺激引起咳嗽时，可用水浸湿毛巾后捂住口鼻，氨易溶于水，可显著减轻氨的刺激作用；也可用3%~5%的醋酸水溶液或白醋浸湿毛巾后捂住口鼻，吸入的酸蒸气可与

氨发生中和作用。

当呼吸道受氨气刺激比较严重时，可用硼酸水滴鼻、漱口，并让中毒者饮入0.5%的柠檬酸水溶液或柠檬汁，但绝不可饮用清水，因氨溶于水，反而会有助于氨的扩散。

当氨中毒十分严重，致使伤员呼吸微弱甚至休克、呼吸停止时，应立即进行人工呼吸，并给中毒者饮用较浓的白醋、食醋，有条件的可实施以纯氧呼吸，并应立即送医院救治。

（8）人工呼吸的操作方法　人工呼吸是用于自主呼吸停止时的一种急救方法。通过徒手或机械装置使空气有节律地进入肺内，然后利用胸廓和肺组织的弹性回缩力使进入肺内的气体呼出。如此周而复始以代替自主呼吸。

1）口鼻吹气法。此法操作简便容易掌握，而且气体的交换量大，接近或等于正常人呼吸的气体量。其操作方法如下：

① 患者取仰卧位，即使患者胸腹朝天。

② 首先清理患者呼吸道，保持呼吸道的清洁。

③ 使患者头部尽量后仰，以保持呼吸道畅通。

④ 救护人站在患者头部的一侧，深吸一口气，对着患者的口（两嘴要对紧不要漏气）将气吹入，造成吸气。为使空气不从患者鼻孔漏出，此时可用一手将患者鼻孔捏住，然后救护人嘴离开，将捏住的鼻孔放开，并用一手压其胸部，以帮助患者呼气。这样反复进行，每分钟进行14~16次。

⑤ 如果患者口腔内有严重外伤或牙关紧闭时，可对患者鼻孔吹气（必须堵住口），即口对鼻吹气。

救护人吹气力量的大小，依患者的具体情况而定，一般以吹进气后患者的胸廓稍微隆起为最合适。口对口吹气时，如果有纱布，则放一块叠二层厚的纱布，或放一块一层的薄手帕，但注意，不要因此影响空气出入。

2）俯卧压背法。此法应用较普遍，但在人工呼吸中是一种较古老的方法。使用此法时，由于患者取俯卧位，舌头能略向外坠出，不会堵塞呼吸道，救护人不必专门来处理舌头，节省了时间（在极短时间内将舌头拉出并固定好并非易事），能及早进行人工呼吸。此法的气体交换量小于口鼻吹气法，但抢救成功率较高。在抢救触电、溺水时，现场多用此法，但对于胸背部有骨折者不宜采用此法。

俯卧压背法的操作方法如下：

① 患者取俯卧位（即胸腹贴地），腹部可微微垫高，头偏向一侧，两臂伸过头，一臂枕于头下，另一臂向外伸开，以使胸廓扩张。

② 救护人面向患者，两腿屈膝跪地于患者大腿两旁，把两手平放在其背部肩胛骨下角（大约相当于第七对肋骨处）、脊柱骨左右，大拇指靠近脊柱骨，其余四指稍开微弯。

③ 救护人俯身向前，慢慢用力向下压缩，用力的方向是向下、稍向前推压。当救护人的肩膀与患者肩膀将呈一条直线时，不再用力。在这个向下、向前推压的过程中，即将患者肺内的空气压出，形成呼气。然后慢慢放松回身，使外界空气进入肺内，形成吸气。

④ 按上述动作，反复有节律地进行，频率为14~16次/min。

做人工呼吸，要有耐心，尽可能坚持抢救4h以上，直到把患者救活，或者一直抢救到确诊患者死亡为止；如需送医院抢救，在途中也不能中断救护。

2. 安全用电

（1）电对人体的危害　如电气设备使用不合理或违反操作规程，轻则会损坏电气设备、造成停电事故，重则会造成火灾、人身伤亡等严重事故。安全用电是一项综合工作，既有个人技术操作又有协同作业，安全管理技术与组织管理相辅相成。

（2）触电的影响和伤害　触电对人体的伤害程度与很多因素有关，主要是通过人体的电流大小、电流通过人体的持续时间、电源频率、人体阻抗、电流通过人体的途径等。

1）通过人体的电流大小不同所引起人体的反应也不同，习惯上将触电电流分为感知电流、反应电流、摆脱电流和心室颤动电流。

2）通过人体的电流在人体内持续作用时间越长，电击危险性越大，其原因是：人体电阻由于出汗、击穿、电解作用而减小，能量增加，中枢神经反射增强。

3）交流电的伤害程度远大于直流电，25~300Hz 的交流电伤害程度最大。

4）人体阻抗包括皮肤阻抗和体内阻抗，皮肤阻抗在人体阻抗中占有较大的比例。人体阻抗与皮肤潮湿状况、电压频率、接触面积和人体与带电体接触的松紧程度无关。

5）电流通过人体的途径不同，造成的伤害也不同。通过心脏的电流越大，电击危险性越大。人体在电流的作用下，没有绝对安全的途径，不能认为局部的触电是无危险的。电流通过心脏会引起心室颤动，乃至心脏停止跳动而导致死亡。电流通过中枢神经及有关部部位会引起中枢神经强烈失调而导致死亡。电流通过头部严重损伤大脑也可能会使人昏迷不醒而死亡。电流通过脊髓会使人截瘫。电流通过人的局部肢体也可能引起中枢神经强烈反射而导致严重后果。

（3）触电事故的类型　触电事故主要有直接接触触电、间接接触触电和跨步电压触电等几种形式。

1）直接接触触电。在正常运行条件下，人体触及电气设备的带电导体就会发生直接接触触电。直接接触触电分为单相触电和两相触电两种。人体直接接触电气设备的一相带电导体时，电流通过人体进入大地称为单相触电。中性点接地或中性点不接地的电网都能发生单相触电。人体同时接触带电设备的任何两相电源（人体承受的电压是线电压）会发生两相触电。

2）间接接触触电。当电气设备的绝缘损坏时，使电气设备在正常工作状态下不带电的外露金属部件带危险的对地电压，当人体接触这些金属部件时，会发生间接接触触电。

3）跨步电压触电。当带电设备发生接地故障时，电流在地面会形成电位差，如人在接地短路点附近行走，两脚间的电位差称为跨步电压。由跨步电压造成的触电称为跨步电压触电。

触电事故产生的原因很多，主要是电气设备安装不合理、违反安全操作规程、设备维护检修不及时等。

（4）安全用电的原则　安全用电的原则是不接触低压带电体，不靠近高压带电体。

（5）安全用电的技术措施

1）相线必须进开关。

2）合理选择照明电压。

3）合理选择导线和熔丝。

4）电气设备要正确安装保护接地或接零，并满足规定的绝缘电阻值。

5）采用各种保护用具，包括绝缘手套、绝缘鞋、绝缘钳、绝缘棒和绝缘垫等。

6）采取必要的漏电保护措施。

3. 高处作业的安全防护

制冷工在进行管路维护与修理时，所用到的高处操作安全防护用具主要有安全带、保险绳、登高板和梯子。安全带有多种形式。制冷工的高处操作对安全带无特殊需求，各种安全带均可使用。在高处进行管路维护与修理时，身系安全带，并将安全带上的保险绳挂在建筑物可承受拉力的构件上，决不可挂在门窗上。保险绳与安全带应配套使用，当安全带上的保险绳长度不够时可起加长作用。登高板供高处操作时立脚用，应注意绝不能用搭建的架、板代替登高板。

1. 什么是摄氏温度、华氏温度和热力学温度？
2. 什么是热量和机械功？
3. 热传递的三种方式是什么？
4. 蒸发与沸腾的区别是什么？
5. 什么是显热和潜热？
6. 最简单的蒸气压缩式制冷循环系统是怎样组成的？
7. 一次节流中间完全冷却的双级压缩式制冷循环系统的工作过程是怎样的？
8. 冷冻储存的方式有几种？都是什么？
9. 压力容器定期检验的规定是什么？
10. 管道定期检验的规定是什么？
11. 灭火器的种类有哪些？
12. 人工呼吸的操作方法是怎样的？

项目 2

制冷设备的操作与调整

2.1　制冷系统运行巡检的操作

制冷系统运行巡检过程中要使用仪表检测设备配电系统的电流、电压和温度，还要检测电动机的温升，并判断系统密封性、润滑状况和结霜结露情况。

2.1.1　万用表与电流表的工作原理与使用方法

1. 万用表与电流表的工作原理

万用表是一种高灵敏度、多量程的便携式整流式仪表，能够测量交流电压、直流电压、直流电流、电阻及音频电平等。它主要由表头（测量机构）、测量线路和转换开关组成。

（1）万用表的量程档位　测量直流电压的有 2.5V、10V、50V、250V、500V 五个量程档位；测量交流电压的有 10V、50V、250V、500V 四个量程档位；另设有一个 2500V 的插孔；测量直流电流的有 1mA、10mA、100mA、1000mA 四个常用档位及 50μA 扩展量程档位；测量电阻的有×1、×10、×100、×1k、×10k 五个倍率档位；h_{FE}是测量晶体管直流放大倍数的专用档位。

（2）转换开关　500 型万用表有两个转换开关，分别标有不同的档位和量程，用来选择各种不同的测量需求。测量时根据需要把档位放在相应的位置就可以进行交直流电流、电压以及电阻等的测量了。

2. 万用表与电流表的使用方法

（1）万用表的使用方法

1）万用表使用前的准备工作：

① 插孔（或接线柱）的选择：测量前检查表笔的插接位置，红表笔一般插在标有“+”的插孔内，黑表笔插在标有“-”的公共插孔内。

② 测量种类的选择：根据所测对象的种类，将转换开关旋至相应位置上。

③ 量程的选择：根据大致的测量范围，将转换开关旋至适当量程上。若被测量的数值大小不清楚，应将转换开关旋至最大量程上，先进行测试，若读数太小，可逐步减小量程。绝对不允许带电转换量程。不可使用电流档或欧姆档测电压，否则会损坏万用表。

④ 正确读数：读数一般应在指针偏转满刻度的 1/2~2/3 为宜。

⑤ 万用表使用完毕，应将转换开关置于空档或交流 500V 档位置上。若长期不用，应将表内电池取出。

⑥ 万用表的机械调零是供测电压、电流时调零用。旋动万用表的机械调零螺钉，使指针对准标度盘左端的“0”位置。

2）测量交流电压：

① 使用交流电压档。

② 将两表笔并联在线路两端（不分正负极）。

③ 在相应量程标尺上读数。

④ 当交流电压小于10V时，应从专用标尺读数。

⑤ 当被测电压大于500V时，红表笔应插在2500V交直流插孔内，且操作时必须戴绝缘手套。

3）测量直流电压：

① 使用直流电压档。

② 红表笔接被测电压正极，黑表笔接被测电压负极，即两表笔并接在被测线路两端。如果不知被测电压的极性，可将转换开关置于直流电压档最大处，然后将一表笔接于线路一端，另一表笔迅速碰一下另一端，观察指针偏转方向。若正偏，则接法正确；若反偏，则应调换表笔接法。

③ 根据指针稳定时的位置及所选量程，正确读数。

4）测量直流电流：

① 用万用表测直流电流时，应使用直流电流档，量程选mA或μA档，然后将两表笔串联在被测电路中。

② 红表笔接电源正极，黑表笔接电源负极。如果电源的极性未知，则把转换开关置于mA档最大处，然后将一表笔固定在其中一端，另一表笔迅速碰一下另一端，观察指针偏转方向。若正偏，则接法正确；若反偏，则应调换表笔接法。

③ 万用表的量程为mA或μA档时，不能测大电流。

④ 根据指针稳定时的位置及所选量程，正确读数。

5）测量电阻：

① 使用电阻档。

② 测量前应将电路电源断开，有大电容的必须充分放电，切不可带电测量。

③ 测量电阻前，先进行电阻调零，即将红黑两表笔短接，调节“Ω”旋钮，使指针对准零。若指针调不到零，则表示表内电池电压不足需更换。每更换一次量程都要重新调零一次。

④ 测量低电阻时，应尽量减少接触电阻；测量大电阻时，不要用手接触两表笔，以免人体电阻并入影响精度。

⑤ 表头指针显示的读数乘以所选量程的倍率数即为所测电阻的阻值。

6）万用表的使用注意事项：

① 指针式万用表读取精度较差，但指针摆动的过程比较直观，其摆动幅度能比较客观地反映被测量的大小。

② 指针式万用表内一般有两块电池，一块是低电压的（1.5V），一块是高电压的（9V或15V）。数字式万用表一般用9V的电池。

③ 使用万用表时应熟悉表盘上各符号的意义及各个旋钮和转换开关的作用，并选择好表笔插孔的位置。

④ 根据被测量的种类及大小，使用转换开关选择档位及量程。

⑤ 测量电流与电压时不能选错档位，如果误用电阻档或电流档去测量电压，就会烧坏万

用表。

⑥ 测量直流电压和直流电流时，应注意“+” “-”极性，不要接反。如发现指针反转，应立即调换表笔，以免损坏指针及表头。

⑦ 如果不知道被测电压或电流的大小，应先用最高档，而后再选用合适的档位来测试，以免指针偏转过度而损坏表头。所选用的档位越靠近被测值，测量的数值就越准确。

⑧ 在测量电流、电压时，不能带电转换量程。

⑨ 测量电阻时，先将两支表笔短接，调“零欧姆”旋钮至最大，若指针仍然达不到0点，这种现象通常是由于表内电池电压不足造成的，应换上新电池方能准确测量。

⑩ 测量电阻时，不要用手触及被测元器件的两端（或两支表笔的金属部分），以免人体电阻与被测电阻并联，使测量结果不准确。

⑪ 不能带电测量电阻，因为测量电阻时，万用表由内部电池供电，如果带电测量则相当于接入一个额外的电源，会损坏表头。

⑫ 万用表不用时，不要置于电阻档，因为万用表内有电池，如不小心使两表笔相碰短路，不仅耗费电池，严重时甚至会损坏表头。要将档位旋至交流电压最高档或空位档，以避免因使用不当而损坏。

⑬ 长期不用的万用表应将电池取出，避免电池存放过久而变质或漏出电解液腐蚀电路。

（2）电流表的使用　电流表的使用注意事项如下：

① 电流表要与用电器串联，否则会引起短路，烧毁电流表。

② 电流要从“+”接线柱入，从“-”接线柱出，否则指针反转，容易把指针打弯。

③ 被测电流不要超过电流表的量程，可以采用试触的方法来查看是否超过量程。

④ 绝对不允许不经过用电器而把电流表连到电源的两极上。电流表内阻很小，相当于一根导线，若将电流表连到电源的两极上，轻则把指针打弯，重则烧坏电流表、电源、导线。

电流表的使用步骤如下：

① 调零（用一字形螺钉旋具调整调零旋钮）。

② 选用量程（用经验估计或采用试触法）。

③ 读数。首先要看清电流表的量程（一般在表盘上有标记），确认一个最小格表示多少，在把电流表的正负接线柱接入电路后，观察指针位置，就可以读数了。此外，还要选择合适量程的电流表。可以先试触一下，若指针摆动不明显，则换小量程的电流表；若指针摆动角度太大，则换大量程的电流表。一般指针在表盘中间位置左右，读数比较合适。

2.1.2　温度测量设备与电动机温升的测量方法

温升是指电动机与环境的温度差，是由电动机发热引起的。运行中的电动机铁心处在交变磁场中会产生铁损，绕组通电后会产生铜损，还有其他杂散损耗等，这些都会使电动机温度升高。另一方面，电动机也会散热，当发热量与散热量相等时即达到平衡状态，温度不再上升而稳定在一个水平上。当发热量增加或散热量减少时就会破坏平衡，使温度继续上升，扩大温差，但随着温度升高散热也会增加，故在另一个较高的温度下又会达到新的平衡。但这时的温差（即温升）已比之前增大了。所以说，温升是电动机设计及运行中的一项重要指标，表明电动机的发热程度。

1. 温度测量设备

温度测量设备按测温方式可分为接触式和非接触式两大类。接触式温度测量设备中热电偶和热电阻是工业上最常用的温度检测元件。非接触式红外测温仪可以在保持安全距离的条件下测量某个物体的表面温度，是电气设备维修操作中不可缺少的工具。

（1）热电偶　热电偶是一种感温元件，它能将温度信号转换成热电势信号，通过与电气测量仪表的配合使用，就能测量出被测介质的温度。热电偶测温的基本原理是热电效应。在由两种不同材料的导体 A 和 B 所组成的闭合回路中，当 A 和 B 的两个接点处于不同温度 T 和 T_0 时，在回路中就会产生热电势。导体 A 和 B 称为热电极。温度较高的一端 T 叫作工作端；温度较低的一端 T_0 叫作自由端，通常处于某个恒定的温度下。根据热电势与温度的函数关系，可制成热电偶分度表。分度表是在自由端温度 $T_0=0$℃的条件下得到的。不同的热电偶具有不同的分度表。

在热电偶回路中接入第三种金属材料时，只要该种材料两个接点的温度相同，热电偶所产生的热电势将保持不变，即不受第三种金属材料接入回路的影响。因此，在使用热电偶测温时，可接入测量仪表，测得热电势后，即可知道被测介质的温度。热电偶的特点是其直接与被测对象接触，不受中间介质的影响，测量精度比较高。

（2）热电阻　热电阻是中低温区最常用的一种温度检测器。它的主要特点是测量精度高，性能稳定。其中，铂热电阻的测量精度是最高的，它不仅广泛应用于工业测温，而且被制成了标准基准仪。

热电阻是利用金属导体或半导体有温度变化时本身电阻也随着发生变化的特性来测量温度的。热电阻的受热部分（感温元件）是用细金属丝均匀地绕在绝缘材料做成的骨架上或通过激光溅射工艺在基片上形成的。热电阻测温系统一般由热电阻、连接导线和显示仪表等组成。从热电阻的测温原理可知，被测温度的变化是直接通过热电阻阻值的变化来测量的，因此，热电阻体的引出线等各种线的电阻变化会给温度测量带来影响。引起连接导线电阻变化的主要因素有：导线长度的变化，导线接头处接触电阻的变化，重接线引起的电阻变化，环境温度的变化，测量线路中的寄生电动势等。

（3）红外测温仪　红外测温仪由光学系统、光电探测器、信号放大器及信号处理、显示输出等部分组成。光学系统汇聚其视场内目标的红外辐射能量，视场的大小由测温仪的光学零件及其位置确定。红外辐射能量聚焦在光电探测器上并转变为相应的电信号。该信号经过信号放大器和信号处理电路，并按照仪器内部的算法和目标发射率校正后转变为被测目标的温度值。

2. 电动机绕组温升的测量方法

电动机温升试验是电动机型式试验中非常重要的试验。电动机温升的高低，决定着电动机绝缘的使用寿命。电动机温升试验中绕组温度测量的方法总的来说有温度计法、热电偶法、电阻法、埋置检温计法和双桥带电测温法 5 种。

（1）温度计法测量电动机绕组的温度　温度计包括膨胀温度计（例如水银、酒精温度计）、半导体温度计及非埋置的热电阻和电阻温度计。温度计法是指使用温度计直接测定电动机绕组的温度，此法最为简便。但是，温度计仅能接触到电动机各部分的表面，且如果测量不当，环境对测量结果的影响会非常大。

（2）热电偶法测量电动机绕组的温升　热电偶法是将热电偶粘贴在设备部件表面，通过温度测量仪测量设备部件表面的温度来计算出温升。用热电偶法测量温升时的影响因素包括热电偶、温度测量仪、胶粘剂、测试的环境条件、试验工程师的操作水平等。

采用热电偶测量绕组的温度时应注意：由于热电偶的读数滞后于绕组的温度变化，当电动机断电后，热电偶的温度可能还会继续上升，因此应记录电动机绕组的最高温度，该温度可能在断电后才能达到。

（3）电阻法测量电动机绕组的温升　电阻法测量电动机绕组的温升是根据导体电阻随着温度升高而增大的原理来测量的。其温升 $\Delta\theta$（℃）的计算公式如下：

$$\Delta\theta=\frac{R_f-R_0}{R_0}(K+\theta_0)+\theta_0-\theta_f$$

式中，K 为常数，对于铜绕组 $K=234.5$℃，对于铝绕组 $k=228$℃；R_0为电动机运转前所测得的绕组电阻（Ω）；R_f为电动机额定负载运转到温度稳定后停机时测得的绕组电阻（Ω）；θ_0为电动机运转前绕组的温度（即环境温度）（℃）；θ_f为试验完毕时电动机周围的环境温度（℃）。

（4）埋置检温计法测量电动机绕组的温度　大功率电动机一般都会在测温点预埋置检温计，检温计一般有热电偶及电阻温度计等。检温计的受热端埋在槽的深处，检温计的引出端引至外面，连接测量仪表，借以读出温度。

（5）双桥带电测温法测量电动机绕组的温升　双桥带电测温法测量电动机绕组的温升是指在不中断交变负载电流的情况下，在负载电流上叠加一个微弱的直流电流，测量绕组直流电阻随温度升高而发生的变化从而确定交流绕组的温升。

2.1.3　活塞式制冷压缩机正常运行状态的判断

活塞式制冷压缩机正常运行的标志：

1）压缩机在运行时其油压应比吸气压力高 0.15~0.3MPa。

2）曲轴箱上有一个视油镜时，油位不得低于视油镜的 1/2；有两个视油镜时，油位不得超过上视油镜的 1/2，不得低于下视油镜的 1/2。

3）曲轴箱的温度一般保持在 40~60℃，最高不得超过 70℃。

4）压缩机轴封处的温度不得超过 70℃。

5）压缩机的排气温度视使用的制冷剂不同而不同，采用 R22 制冷剂时不得超过 135℃，采用氨制冷剂时不得超过 150℃。

6）压缩机的吸气温度比蒸发温度高 5~15℃。

7）压缩机的运转声音清晰均匀且又有节奏，无撞击声。

8）压缩机电动机的运行稳定，温升正常。

9）装有自动回油装置的油分离器能自动回油。

2.2　制冷系统的运行调整

2.2.1　膨胀阀的工作原理与调整要求及方法

膨胀阀是制冷装置中的重要部件之一，它的作用是将冷凝器或贮液器中冷凝压力下的饱

和液体（或过冷液体）节流后降至蒸发压力和蒸发温度，同时根据负荷的变化，调节进入蒸发器制冷剂的流量。

1. 膨胀阀的工作原理

热力膨胀阀是通过感受蒸发器出口气态制冷剂的过热度来控制进入蒸发器的制冷剂流量。按平衡方式的不同，热力膨胀阀分为内平衡式和外平衡式两种。

内平衡式膨胀阀由感温包、毛细管、阀体（内有二膜片，膜片在压力作用下向上移动使通过膨胀阀的制冷剂流量减小）、阀帽、调节杆、阀针及感应机构等构成，如图2-1所示。膨胀阀接在蒸发器的进液管上，感温包中充注的工质与系统中制冷剂相同，感温包设置在蒸发器出口处的管外壁上。感温包和膜片上部通过毛细管相连，感受蒸发器出口制冷剂温度，膜片下面感受到的是蒸发器入口压力。如果制冷负荷增加，液压制冷剂在蒸发器提前蒸发完毕，则蒸发器出口制冷剂温度将升高，膜片上压力增大，推动阀杆使膨胀阀开启度增大，进入到蒸发器中的制冷剂流量增加，制冷量增大；如果空调负荷减小，则蒸发器出口制冷剂温度减小，以同样的作用原理使得阀开启度减小，从而控制制冷剂的流量。

外平衡式膨胀阀（见图2-2）的工作原理与内平衡式膨胀阀基本相同，它们之间的区别是：内平衡式膨胀阀膜片下面感受到的是蒸发器入口压力；而外平衡式膨胀阀膜片下面感受到的是蒸发器出口压力。

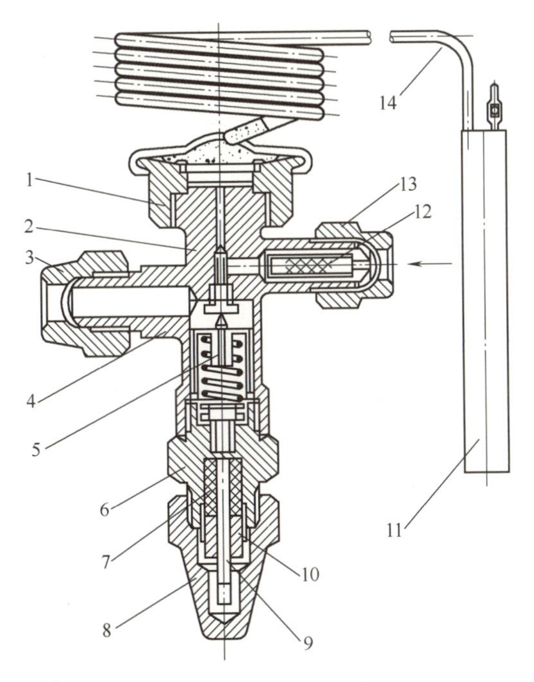

图2-1　内平衡式膨胀阀的结构

1—感应机构　2、4—阀体　3、13—螺母　5—阀针　6—调节杆座　7—填料　8—阀帽　9—调节杆　10—填料压盖　11—感温包　12—过滤网　14—毛细管

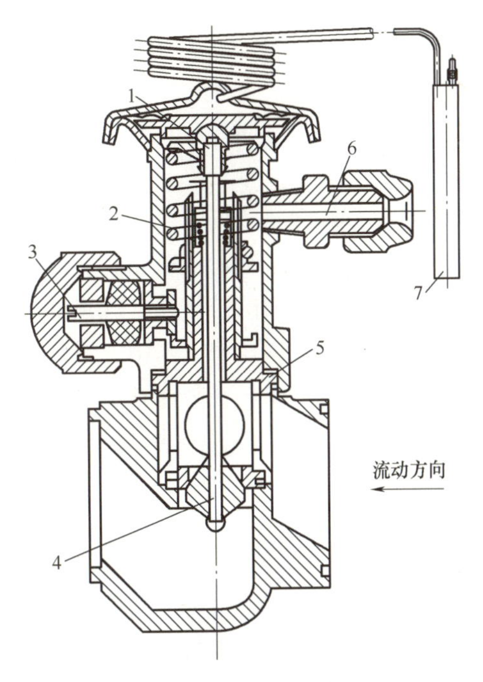

图2-2　外平衡式膨胀阀的结构

1—阀杆螺母　2—弹簧　3—调节杆　4—阀杆　5—阀体　6—外平衡接头　7—感温包

2. 膨胀阀的调整要求及方法

(1) 热力膨胀阀调整前的检查　在调整热力膨胀阀之前，必须确认系统制冷异常是由于

热力膨胀阀偏离最佳工作点引起的，而不是因为氟利昂少、干燥-过滤器堵塞等其他原因引起的。同时，必须保证感温包采样信号的正确性。制冷系统的感温包必须水平安装在回气管的下侧方45°的位置，绝对不可安装在管道的正下方（以防管子底部积油等因素影响感温包正确感温），更不能安装在立管上。检查冷凝器风机的控制方式，尽量采用调速控制，以保证冷凝压力恒定。

（2）热力膨胀阀调整时的注意事项　热力膨胀阀的调整工作，必须在制冷装置正常运行状态下进行。由于蒸发器表面无法放置测温计，可以利用压缩机的吸气压力作为蒸发器内的饱和压力，查表得到近似蒸发温度。用测温计测出回气管的温度，与蒸发温度对比来校核过热度。调整过程中，如果感到过热度太小，则可把调节杆按顺时针方向转动（即增大弹簧力，减小热力膨胀阀开启度），使流量减小；反之，若感到过热度太大（即供液不足），则可把调节杆朝相反方向（逆时针）转动，使流量增大。由于实际工作中热力膨胀阀的感温系统存在一定的热惰性，造成信号传递滞后，运行基本稳定后方可进行下一次调整。因此，整个调整过程中必须耐心细致，调节杆转动的圈数一次不宜过多过快（直杆式热力膨胀阀的调节杆转动一圈，过热度大概改变12℃）。

（3）热力膨胀阀的调整方法　热力膨胀阀过热度的测量：将制冷设备停机，将数字温度表的探头插到蒸发器回气口处（对应感温包位置）的保温层内，将压力表与压缩机低压阀的三通相连。

起动压缩机运行15min以上，进入稳定运行状态，使压力指示和温度显示达到稳定值。

读出数字温度表读数 T_1 与压力表测得压力所对应的温度 T_2，过热度为两读数之差，即为 T_1-T_2。注意，必须同时读出这两个读数。热力膨胀阀的过热度应为5~8℃，如果不是，则应进行适当的调整。

具体调整步骤是：拆下热力膨胀阀的防护盖，转动调节杆2~4圈（压杆式可调圈数比较少），每次调1/4圈。等系统运行稳定后，重新读数，计算出过热度，看是否在正常范围内。不在的话，重复前面的操作直至过热度符合要求。调整过程必须小心仔细。

另外，在实际操作中，采用上述仪表检查热力膨胀阀的工作情况时，往往要浪费大量的时间，因此，可采用目检与仪表检查相结合的方法，即先用眼睛观察压缩机回气管的结露情况，发现异常后，再用仪表检查。这样，可以节约大量的时间，而且完全可以达到检查的目的。

2.2.2　油压调节阀的工作原理与调整方法

1. 油压调节阀的工作原理

油压调节阀用于调节润滑系统中的油压。如果进入压缩机润滑系统的油压过高，会使喷油量过大，既影响压缩机的吸气量，又增加压缩机的功耗，还会增加轴封漏油的可能性；若油压过低，会使润滑油的作用减弱。

油压调节阀一般安装在压缩机的后主轴承上。油压调节阀由阀芯、弹簧、阀体和调节阀杆等组成，如图2-3所示。通过改变弹簧力的大小，达到改变工作时阀芯的开启度，从而调节压缩机润滑系统中的油压。

2. 油压调节阀的调整方法

油压调节阀一般位于油泵进、出油管之间，若油压偏低，则顺时针旋转调节阀杆，以增

大弹簧力，减少阀芯的开启度；反之则逆时针旋转，使油压下降。调整油压调节阀时应同时观察油压表和吸气压力表，看油压差是否达到要求。

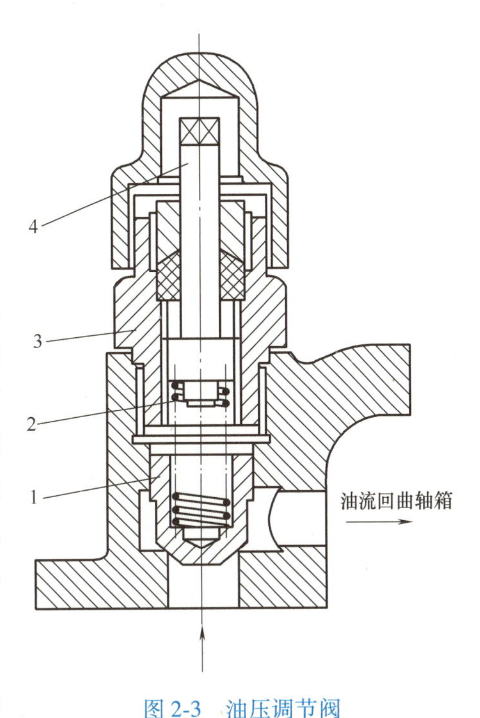

图 2-3　油压调节阀

1—阀芯　2—弹簧　3—阀体　4—调节阀杆

2.2.3　时间继电器的工作原理与调整方法

1. 时间继电器的工作原理

如图 2-4 所示，当线圈通电时，静铁心吸引使得衔铁和托板下移，使瞬时动作触头接通或断开。活塞杆和杠杆由于受阻尼作用影响缓慢下降，一定时间后，活塞杆下降到一定的位置，便通过杠杆和托板推动使延时动作触头发生动作，常闭触头处于断开状态，而常开触头闭合。继电器的延时时间便是线圈通电到延时动作触头完成动作的时间。当线圈断电时，继电器依靠弹簧的作用复原。

2. 时间继电器的调整方法

（1）调整静铁心与衔铁间的非导磁性垫片　非导磁性垫片的不同厚度可改变工作气隙，工作气隙改变后，衔铁闭合后的稳定磁通也随之改变。由于磁通在正常工作时已接近饱和，工作气隙改变不大时对稳定磁通的大小几乎没有影响，但加入一定厚度的垫片将使剩余磁通明显改变，因而改变了磁通变化曲线的位置。在释放弹簧松紧程度一定的情况下，释放磁通不变，因此增加垫片的厚度可以减少延时；反之将增加延时，非导磁性垫片一般用磷铜片制成，厚度有 0. 1mm、0. 2mm、0. 3mm 三种。这种调节延时的方法为阶梯调节，只用于粗调。

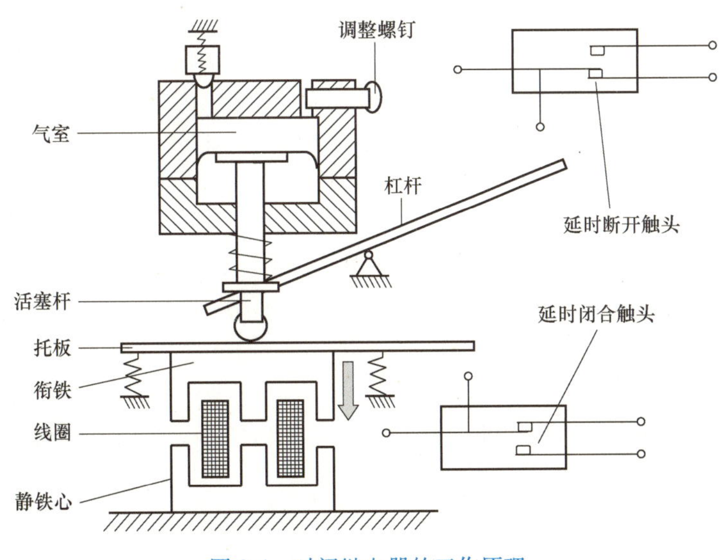

图 2-4　时间继电器的工作原理

（2）调节释放弹簧　释放弹簧越紧，反作用力越大，衔铁越易打开，延时越小；反之，释放弹簧越松，则延时越大。但释放弹簧的调节有一定的限度，不能无限制地调松释放弹簧来增大延时，因为释放弹簧过松，延时会不准确，甚至衔铁会不能释放；同样也不能使释放弹簧过紧，以免衔铁不能吸合。这种方法可以连续平滑调节，主要用于细调。

2.2.4 油压差控制器的工作原理与调整方法

1. 油压差控制器的工作原理

如图2-5所示，油压差控制器是一种用于防止制冷压缩机因润滑油的压力不足而损坏轴瓦的保护装置，它由低压波纹管、调节轮、试验手柄和高压波纹管等部分组成。如果制冷压缩机起动后，在60s内油压建立不起来，则油压差控制器动作自动切断电源，确保系统安全运行。

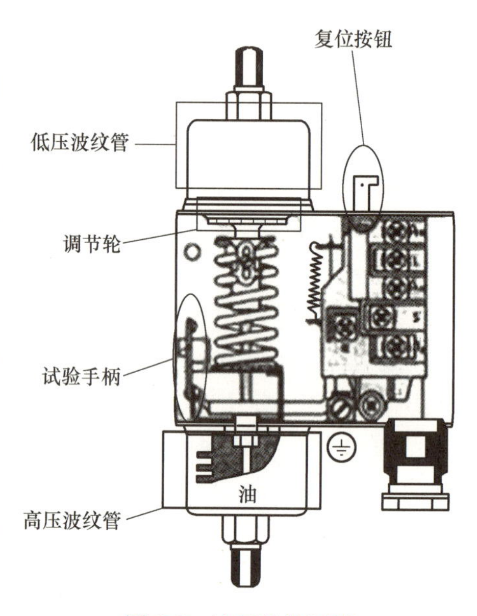

图2-5 油压差控制器

油压差控制器的工作原理是：作用在两个相对的感压元件（波纹管）上的两个不同压力，其差值所产生的力（由弹簧平衡）如果小于调定值时，由于杠杆的作用，这时开关会接通延时机构中的电加热器，在一定的延时范围内（60s左右）使延时开关动作，切断电动机电源，使制冷压缩机停机，同时加热器停止加热。油压差控制器的延时机构中装有手动复位装置。当制冷压缩机由于油压建立不起而停机，油压差控制器动作后不能自动复位，须待排除故障后再按一下复位按钮，才能使延时机构中的延时开关接通电动机电源使制冷压缩机起动。

2. 油压差控制器的调整方法

1）转动调节轮改变弹簧张力，可改变压差调定值。

2）制冷压缩机正常运行时，按下试验按钮，达到延时时间（60s±20s）后应停机。

3）运行时调低润滑油压力，压差开关动作时，润滑油压力表和曲轴箱压力表的差值为油压差控制器的压差调定值。

3. 油压差控制器的安装使用要求

1）高、低压接口分别接油泵出口和曲轴箱，切不可接反。

2）控制器本体应垂直安装，高压口在下，低压口在上。

3）油压差等于油压表读数与吸气压力表读数的差值，不要误以为油压表读数就是油压差。

4）油压差的调定值一般设为0.15~0.2MPa。

5）采用热延时的油压差控制器动作过一次后，必须待热元件完全冷却（需5min左右）、手动复位后，才能再次使用。

2.2.5 温度控制器的工作原理与调整方法

1. 温度控制器的工作原理

温度控制器是指根据工作环境的温度变化，在其内部发生物理形变，从而产生某些特殊

效应，产生导通或者断开动作的一系列自动控制元件，也叫作温控开关。温度控制器简称温控器。不同种类的温控器可应用在家电、电动机、制冷或制热设备等众多产品中。

温控器主要有蒸气压力式和电子式两种蒸气压力式温控器中，波纹管的动作作用在弹簧上，弹簧的弹力是由控制板上的旋钮所控制的，毛细管放在冰箱冷藏室，对冷藏室内循环回风的温度起反应。当冷藏室内循环回风的温度上升至调定的温度时，毛细管和波纹管中的感温剂气体膨胀，使波纹管伸长并克服弹簧的弹力把开关触头接通，此时压缩机运转，系统开始制冷，直到冷藏室内循环回风的温度又降至设定的温度以下时，感温包中的气体收缩，波纹管收缩与弹簧一起动作，将开关置于断开位置，使压缩机电动机电路切断。以此反复动作，从而达到控制温度的目的。

电子式温控器通过热电偶、铂电阻等温度传感装置，把温度信号变换成电信号，通过单片机、PLC 等电路控制继电器使得加热（或制冷）设备工作（或停止）。

2. 温度控制器的调整方法

1）将在冷柜温控器上的“设置”键（或“SET”键）长按 3s 左右，进入设定状态。

2）温控器进入设定状态后，首先显示下限温度设定值（“L”），这时可按“▲”或“▼”键改变设定值，直至符合要求。再按一下“SET”键，可显示上限温度设定值（“┌”），此时可按“▲”或“▼”键改变设定值，直至符合要求。再按一下“SET”键，显示压缩机停机延时时间（“Y”），此时可按“▲”改变设定值，直至符合要求。再按一下“SET”键，显示控制模式（“J”），此时可按“▲”键选择制冷模式（JCC）和加热模式（JHH）。再按一下“SET”键，显示温度校正值（“［”），一般情况下不需要进行温度校正，若需要进行温度校正，可按“▲”或“▼”键改变设定值，直至符合要求。注意：控制器始终保持上限温度大于下限温度这一规则。

3）退出设定：16s 之内不按任何一个键，温控器自动退出设定状态，设定值被储存，显示屏上仍显示温度测量值。

4）自动运行：

① 制冷模式：通电后压缩机不能立即开机，需延时若干分钟（由“Y”的值决定），此时末位数码管小数点闪跳以示等待。延时时间到后，继电器根据测量值和温度设定的上、下限值来决定吸合与否（大于或等于上限工作，小于或等于下限关闭），从而达到控制压缩机制冷的目的。压缩机工作时，末位数码管小数点常亮。

② 加热模式：与制冷模式相反，测量值大于或等于温度上限时继电器释放，小于或等于温度下限时继电器吸合控制加热。加热工作时，末位数码管小数点常亮。

注意：制冷时压缩机每次停机需延时若干分钟才能再次开机；按“▼”键三下可取消延时。

2.2.6　压力继电器的工作原理与调整方法

1. 压力继电器的工作原理

压缩机运转时，因系统的原因或压缩机本身的原因，可能出现排气压力过高或吸气压力过低的情况，因此需要控制吸、排气压力。

实施排气压力保护的目的是：防止因系统中冷凝器断水或水量供应严重不足，起动时截止阀未开启，排气管路堵塞，系统中混入空气等不凝性气体等原因造成压缩机排气压力急剧上升，危及制冷系统安全运行。

造成吸气压力过低的主要原因有：膨胀阀开启度过小，节流孔堵塞，感温包工质泄漏，蒸发器结垢，吸气阀未开足，液管上阀门未开足，过滤器堵塞，制冷剂充注不足等。

压力继电器主要用于对液体或气体压力的高低进行检测并发出开关量信号，以控制电磁阀、液压泵等设备对压力的高低进行控制。

压力继电器主要由压力传送装置和微动开关等组成。液体或气体压力经压力入口推动橡胶膜和滑杆克服弹簧反力向上运动，当压力达到设定压力时，触动微动开关，发出控制信号。旋转调压螺母可以改变设定压力。

压力继电器是一种简单的压力控制装置，当被测压力达到额定值时，压力继电器可发出警报或控制信号。其工作原理是：当被测压力超过额定值时，弹性元件的自由端产生位移，直接或经过比较后推动开关元件，改变开关元件的通断状态，达到控制被测压力的目的。

2. 压力继电器的调整方法

压力继电器的具体调试方法：

1）压力继电器顶部右侧的压力调节螺钉可直接调节上限切换值。

2）压力继电器部左侧的压力调节螺钉可调节开关压差。

3）它们的关系是：上限切换值-开关压差=下限切换值。

即上限切换值可以直接在标度尺上调节，下限切换值要通过上述操作来调节。

例如要求被控介质的压力保持在0.5~0.8MPa，具体操作如下：

① 选用设定值范围在0.1~1.0MPa的压力继电器（JC-210，HNS-210）。

② 旋动顶部右侧的压力调节螺钉，使指针指示在标度尺的0.8MPa处，此值为上限切换值。

③ 旋动顶部左侧的压力调节螺钉，使指针指示在标度尺的0.3MPa，下限切换值=上限切换值-开关压差=0.8MPa-0.3MPa=0.5MPa，此值为下限切换值。

2.2.7 小型制冷系统电气控制电路的组成及工作原理

小型冷库安装的电气控制电路如图2-6所示。该冷库配有一台22kW的压缩式制冷机，采用水冷冷凝器，相应配有一台冷却水泵和一座玻璃钢冷却塔。三台电动机都采用直接起动单速单向运转方式，因此其控制电路比较简单。控制要求是：在冷却水泵电动机、冷却塔风机起动运行后，压缩机才能起动。

1. 手动操作过程

按下冷却水泵电动机的起动按钮SB2，使KM1得电吸合并自锁，其主触头闭合，使冷却水泵电动机起动运转，供水到冷却塔；同时，中间继电器KA1得电，为压缩机起动作准备。按下冷却塔风机的起动按钮SB4，使KM2得电吸合并自锁，其主触头闭合，冷却塔风机转动；同时，KA2得电，其常开触头闭合，为压缩机起动提供另一条件。只有冷却水泵电动机、风机运行后，压缩机才能起动。此时将控制选择开关SA打在“手动”位置，若压力继电器KP不动作，则使KM3得电，压缩机起动运行，开始制冷。

当看到冷库温度下降到所需温度时，按下冷却水泵电动机的停止按钮SB1，使KM1、KA1

断电，冷却水泵停止供水。由于 KA1 的常开触头断开，KM3 断电释放，压缩机停止工作。这时，按下冷却塔风机的停止按钮 SB3，使 KM2 和 KA2 断电，冷却塔风机停转。

2. 自动控制过程

将控制选择开关 SA 打在“自动”位置，手动起动冷却水泵电动机和风机，这时压缩机能否工作取决于温控器控制的 KA4 是否得电。该冷库的温控器采用 XCT-122 型测温调节仪，其外部电路连接如图 2-6 中点画线框所示。外接电阻为感温元件，其阻值随库温升降而增大或减小，使测温调节仪内部的电桥电路失去平衡，仪表的动圈旋转并带动表头指针移动，在有温度刻度的表头面板上指示库内温度。表头指针与接线板上的“上限高”连接，表头面板上的库内温度指针和下限温度指针分别与“上限中”和“下限中”连接。当库温达到上限温度时，表头指针与上限温度指针接触，“上限高”和“上限中”短接，使 KA4 得电，电流经 101、上限中、103、KA5（103—105）、KA4 线圈、100 并自锁。而 KA4 的常开触头（9—11）闭合，使 KM3 得电吸合，压缩机开始工作，对库内制冷。

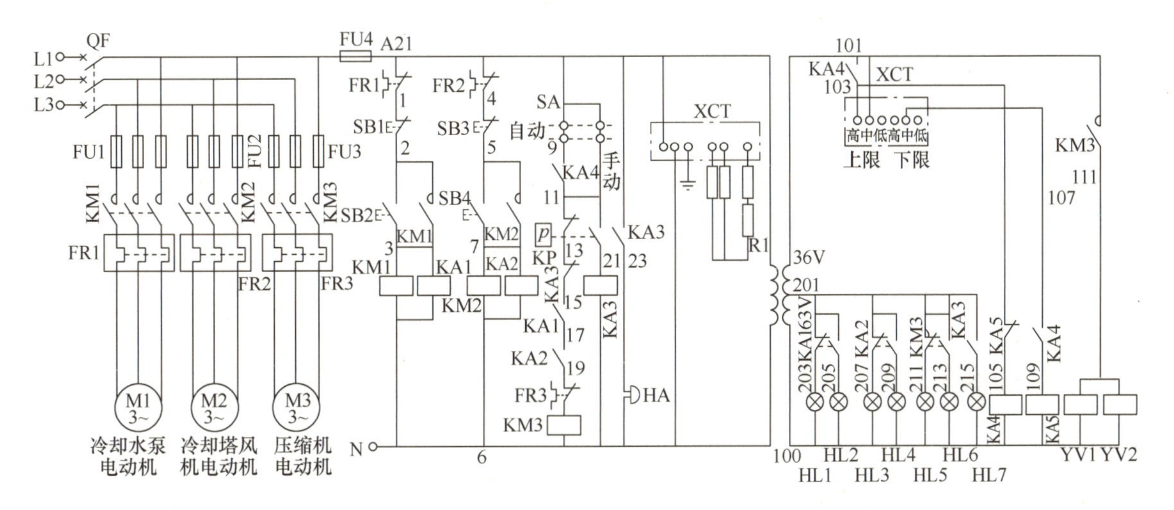

图 2-6　小型冷库安装的电气控制电路

当库内温度下降到整定温度时，表头指针（上限高）与下限温度指针（下限中）接触，使 KA5 得电，此时电流的通路是 KA4（101—103）、上限高、下限中、107、KA4（107—109）、KA5 线圈、100。KA5 的常闭触头断开，使 KA4 线圈断电，其常开触头断开，使 KM3 断电释放，压缩机停止制冷。当库温逐渐上升到设定的上限温度时，XCT 又使温控继电器 KA4 得电。重复上述过程，使库温始终保持在设定的上限和下限温度之间。

3. 压力保护

在制冷机组的制冷剂循环管路中装有压力继电器 KP 作为压力保护。当压缩机低压端吸入压力和高压端排出压力正常时，KP 的常闭触头（11—13）闭合，常开触头（11—21）断开，允许压缩机运行。当高压端排出压力过高或低压端吸入压力过低，并达到 KP 的整定压力值时，KP 动作，使其常闭触头（11—13）断开，KM3 线圈断电，压缩机停止运行。而 KP 的常开触头（11—21）闭合，使 KA3 线圈得电，KA3 的常开触头闭合，警铃 HA 电源接通，发出声音报警；同时，KA3 的常开触头（201—215）闭合，指示灯 HL7 亮，给出灯光指示。

4. 过载保护与供液自动控制

（1）过载保护　该系统由继电器 FR1～FR3 作为长期过载保护。当冷却水泵电动机或风机因过载而停转时，对应的中间继电器 KA1 或 KA2 也断电释放，切断压缩机控制电路电源，压缩机也自动停转。

（2）供液自动控制　该冷库有两大组蒸发盘管，从冷凝管流出的制冷剂进入储藏罐，然后分成两路向两大组盘管供液。在这两条供液管上各装有一个电磁阀（YV1、YV2），它们由 KM3 控制，可随压缩机的起或停开阀供液或闭阀停供，以防蒸发器内储液过多，在压缩机重新起动时造成湿压缩。

2.3　制冷系统制冷剂的补充与回收

这里主要介绍向制冷系统内补充制冷剂和从制冷系统取出制冷剂两部分内容，包括常用制冷剂的性质、制冷系统检漏的操作方法、制冷系统泄漏后的处理操作、制冷系统补充制冷剂的方法、制冷系统回收制冷剂的方法、制冷剂钢瓶的使用要求等。通过本节的学习，可以了解向制冷系统内补充制冷剂和从制冷系统取出制冷剂的内容，并通过实践制冷剂的补充与回收掌握相应技能。

2.3.1　常用制冷剂的性质

制冷剂又称为制冷工质，是制冷循环的工作介质（利用制冷剂的相变来传递热量，即制冷剂在蒸发器中汽化时吸热，在冷凝器中凝结时放热）。当前能用作制冷剂的物质有几十种，最常用的是氨（代号为 R717）、氟利昂类和碳氢制冷剂等。

1. 氨制冷剂

氨的化学式为 NH_3，为无色气体，有强烈的刺激气味，易被液化成无色的液体。在常温下加压即可使其液化，临界温度为 132.4℃，临界压力为 11.2MPa。标准压力下氨的沸点为 −33.3℃，凝固点为 −77.9℃，属于中压中温制冷剂。氨的 ODP（消耗臭氧潜能值）= 0，GWP（全球增温潜能值）= 0。

氨以任意比与水互溶，即使在低温下水也不会从氨液中析出而冻结，故系统内不会发生“冰塞”现象。氨对钢铁没有腐蚀作用，但氨液中含有水分后，对铜及铜合金有腐蚀作用，且使蒸发温度有稍许提高。因此，氨制冷装置中不能使用铜及铜合金材料，并规定氨液中含水量不应超过 0.2%。

氨在矿物润滑油中的溶解度很小。在制冷系统中，氨液的相对密度比矿物润滑油小，故矿物润滑油会沉积在下部，需定期放出。

氨压缩机排气温度高，是因氨的比热容高导致的，当压缩比较大时更是如此，这也是氨至今难以大范围应用的一个主要原因。氨与空气混合，达到一定的浓度（17%～29%）时就会燃烧或爆炸，有油存在时着火可能性更大。氨能灼伤人的皮肤、眼睛、呼吸器官的黏膜，在空气中的浓度达到 0.5%～0.6%时，人停留半小时就会引起中毒。

2. 氟利昂类制冷剂

（1）R22　R22 的分子式为 $CHClF_2$，中文名称为二氟一氯甲烷，其标准沸点为 −40.8℃，临

界温度为96.2℃，临界压力为4.99MPa，凝固温度为-160℃。R22是一种中温制冷剂。R22能与冷冻润滑油互溶，温度较高时，与冷冻润滑油充分溶解；温度较低时，两者有明显分层现象。R22难溶于水。

R22在常温下为无色、近似无味的气体，不燃烧、不爆炸、无腐蚀，毒性比R12略大，但仍然是安全的制冷剂；加压可液化为无色透明的液体。R22的化学稳定性和热稳定性均很高。

R22主要用于往复式压缩机、家用空调、中央空调、移动空调、热泵热水器、除湿机、冷冻式干燥器、冷库、食品冷冻设备、船用制冷设备、工业制冷、商业制冷，冷冻冷凝机组、超市陈列展示柜等制冷设备等。

R22的ODP=0.055，GWP=1700。R22对臭氧层危害很大，所以逐渐被新型制冷剂代替，按照《蒙特利尔议定书》的规定，将在2030年实现除维修和特殊用途以外的完全淘汰。

（2）R410A　R410A由R32（CH_2F_2）和R125（C_2HF_5）以50%：50%组成。R410A无色，不浑浊，易挥发，无毒，化学稳定性好，不溶于水，与脂类润滑油相溶。在标准大气压下，其沸点为-51.6℃，温度滑移仅0.05℃，临界温度为72.5℃，临界压力为4.95MPa，凝固点为-155℃。R410A的ODP=0，GWP=1900，即不会破坏臭氧层，但温室效应值较高。

与R22比较，R410A的性能系数比较高，其特性包括：

1）潜热比R22高7.4%，饱和气体密度比R22高40%，所以相同排气量的压缩机，其容积能力约为R22的1.5倍。

2）在平滑管中的导热系数比R22高25%，比R407C高72%；在螺纹管中的导热系数比R22高29%，比R407C高1倍。

3）工作压力约为R22的1.6倍，故在压力容器的构造规格上，必须做严格的要求，以确保运转中的安全。

4）成分中的R32具可燃性，当其在空气中的体积比例大于13%时即有燃烧的危险，应做好制冷剂管理。

3. 碳氢制冷剂

R290的中文名称为丙烷，分子式为$CH_3CH_2CH_3$，是一种可以从液化气中直接获得的天然碳氢制冷剂。在标准大气压下，其沸点为-42.1℃，临界温度为96.8℃，临界压力为4.24MPa，凝固点为-187.7℃，爆炸上限为9.5%（V/V），引燃温度为470℃，爆炸下限为2.1%（V/V）。

R290的分子中不含有氯原子，因而其ODP值为零，对臭氧层不具有破坏作用；其GWP值接近0，不会产生温室效应。R290具有优良的热力性能，单位容积制冷量较大，物理性质与R22极其相近，属于直接替代物，有着很好的应用前景。

R290易燃易爆，遇热源和明火有燃烧爆炸的危险。提高R290安全性的手段包括减小灌装量、隔绝着火源、防止制冷剂泄漏及提高泄漏后的安全防控能力等。

与R22相比，R290的优越性如下：

1）在相同的压力下7℃时R290的潜热大（比R22大84.14%），采用相同制冷量情况下可减少工质的循环量（降低充注量，采用小管径换热器）。

2）R290的比热比低于R22，在相同压缩比时，可减少功耗，使排气温度降低，提高输气系数，改善冷凝器的工作状况，降低能耗。

3）R290的导热系数高于R22，可改善压缩机的散热条件，同时提高冷凝器和蒸发器的导热系数。

4）R290广泛存在于石油、天然气中，提炼方便，一般作为副产品出现，因而成本低，价格便宜（R290的价格仅为R22的10%）。

5）R290与矿物油互溶。

2.3.2 制冷系统检漏的操作方法

制冷系统常用的检漏方法有目测检漏、肥皂水检漏、压力检漏、浸水检漏、抽真空检漏、卤素检漏仪检漏等方法。

1. 目测检漏

由于制冷设备的制冷系统为密封系统，氟利昂类制冷剂和冷冻机油具有一定的互溶性，所以制冷系统泄漏的部位常有渗油、油迹、油污等现象，于是可以据此断定该处有制冷剂泄漏。用手指触摸怀疑部位，如有油污，则表明该处是泄漏位置。

2. 肥皂水检漏

肥皂水检漏是制冷设备维修人员常用的、比较简便的方法。将肥皂片浸泡在水杯中，用毛刷搅拌使其溶成稠状肥皂液后再使用。检漏时用毛刷或毛笔蘸上肥皂液，均匀涂抹在被检查部位的四周，仔细观察有无气泡出现，如有气泡出现，说明该处有泄漏。

3. 压力检漏

给制冷系统充以0.6~0.8MPa（最高可达1.2MPa）压力的氮气或空气，保压5~24h，压力无变化则不漏，若压力下降必有漏孔，根据压力下降的数值可以判定漏孔的大小。如果在整体检漏时发现泄漏，为缩小故障范围可分段充气保压，应分别对蒸发器和冷凝器进行保压检漏。

4. 浸水检漏

浸水检漏是一种最简单实用的方法，常用于压缩机、冷凝器和蒸发器等零部件的检漏。首先给被测部件充入一定压力的干燥空气或氮气（蒸发器内压力不超过0.8MPa，冷凝器内压力不超过1.5MPa），然后将部件浸入水中10min以上，仔细观察有无气泡出现。

5. 卤素检漏仪检漏

卤素检漏仪（SF6检漏仪）是指用含有卤素（氟、氯、溴、碘）的气体作为探索气体（也称为示漏气体）的检漏仪器。该类仪器分为两类：其一为传感器（即探头）与被检件相连接的，称为固定式（也称为内探头式）卤素检漏仪；其二为传感器（即吸枪）在被检件外部搜索的，称为便携式（也称为外探头式）卤素检漏仪。卤素检漏仪的探索气体有氟利昂、氯仿、碘仿、四氯化碳等，其中以氟利昂效果最好。

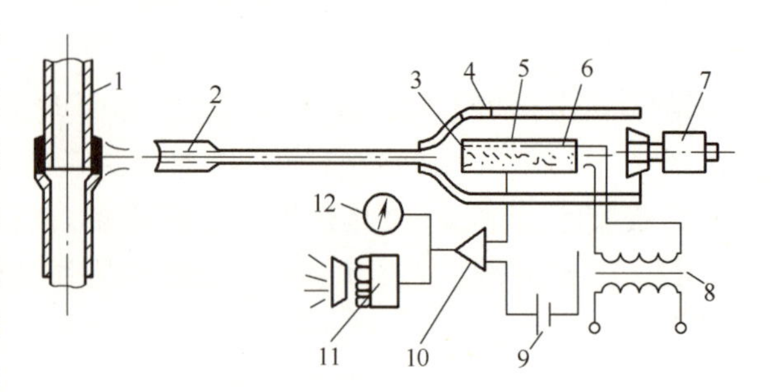

图2-7 电子卤素检漏仪

1—制冷系统管路 2—吸嘴 3—加热器 4—外壳 5—阴极 6—阳极 7—吸气风扇 8—升压变压器 9—电源 10—放大器 11—蜂鸣器 12—电流表

如图2-7所示，电子卤素检漏仪由吸嘴、加热器、外壳、阴极和阳极、放大器、

蜂鸣器等组成。

电子卤素检漏仪的检测原理如下：

电子卤素检漏仪的加热丝、阴极、阳极均用铂材制成。阳极金属铂被加热丝加热到800~900℃后发射正离子，当遇到卤素气体时，这种发射会急剧增加，被阴极接收的离子流由检流计（或放大器）指示出来，且有音响指示。

2.3.3　制冷系统泄漏后的处理

制冷系统泄漏是指焊接、系统配管有裂纹、砂眼、松脱、断裂，螺纹连接、压力检测与控制设备的接口有松动、密封面氧化、喇叭口开裂，橡胶密封、各类针阀的密封有橡胶老化、破损、变形等，导致制冷系统内制冷剂外溢，外界空气和水分通过泄漏点进入制冷系统，造成制冷系统无法正常工作的一种故障现象。故障发生的初期表现为机组制冷量下降，进而会造成机组频繁停机，若不及时处理会造成压缩机烧毁的严重后果。如果发生漏氨事故，应先切断压缩机电源，并马上关闭排气阀，若吸气阀（双级氨压缩机应同时关闭二级排气阀及二级吸气阀）正在加油，还应及时关闭加油阀。发现事故后还应将机房运行的机器全部停止，即操作人员发现压缩机漏氨时立即停机并根据自己所处位置，在关闭事故机时顺便将就近运行的机器断电。

下面以氨泄漏为例讲述系统泄漏后的处理操作。

1. 蒸发器漏氨的处理

蒸发器漏氨（包括冷风机、墙排管、顶排管等）的处理原则：应立即关闭蒸发器的供液阀、回气阀、热氨阀、排液阀，并及时将蒸发器内的氨液排空。

如果在除霜过程中发生漏氨，应立即关闭除霜热氨阀，关闭排液阀，开启回气阀进行减压。如果在库房降温过程中发生漏氨，应立即关闭蒸发器供液阀，停止氨泵系统运行。

确定漏氨部位后可做临时性处理，能打管卡的采取管卡紧固，以减少氨的外泄量，并开启排风扇强制通风，尽量减少库房的氨浓度。

清除蒸发器内氨液的方法：在条件、环境允许情况下，可采取适当的压力，用热氨除霜的方法，将蒸发器内的氨液排回排液桶，以减少氨液损失和库房内空气污染。

2. 阀门漏氨的处理

发现氨阀门漏氨后，应迅速关闭事故阀门两边最近的控制阀，并用堵阀门泄漏专用器具进行堵漏。如果容器上的阀门漏氨，应关闭泄漏阀前最近的阀门，关闭容器的进液、进气等阀门。在条件、环境允许时，应迅速开启有关阀门，向低压系统进行减压排液。在处理泄漏事故时，应开启排风扇进行通风换气。

3. 压力容器漏氨的处理

处理此类事故，原则是首先采取控制措施，使事故不再扩大，然后采取措施将事故容器与系统断开，关闭设备的所有阀门（若漏氨严重不能贴近设备，要关闭与该设备相连接串通的其他设备的阀门），用水淋浇漏氨部位，将容器里的氨液及时做排空处理。属于此类设备的有油分离器、冷凝器、高压贮液桶、中间冷却器、排液桶、集油器、放空气器和低压贮液桶等。

1）油分离器漏氨后，如果压缩机处于运行状态，应立即切断压缩机电源，迅速关闭该油分离器的出气阀、进气阀、供液阀、放油阀，然后关闭冷凝器的进气阀、压缩机至油分离器的排气阀。

2）冷凝器漏氨后，如果压缩机处于运行状态，应立即切断压缩机电源，迅速关闭所有高压桶的均压阀和其他所有冷凝器的均压阀、放空气阀，然后关闭冷凝器的进气阀、出液阀。工艺允许时可以对事故冷凝器进行减压。

3）高压贮液桶漏氨后，立即关闭高压贮液桶的进液阀、均液阀、出液阀、放油阀及其他关联阀门。如果氨压缩机处于运行状态，应迅速切断压缩机电源。在条件及环境允许时，立即开启与低压容器相连的阀门进行减压、排液，尽量减少氨液外泄损失。当高压贮液桶压力与低压容器压力一致时，应及时关闭减压、排液阀门。

4）中间冷却器漏氨后，如压缩机处于运行状态，应立即切断压缩机电源，关闭压缩机的一级排气阀、二级吸气阀及与其他设备相通的阀门，同时开启放油阀进行排液放油减压。

5）低压贮液桶漏氨后，如压缩机处于运行状态，应立即切断压缩机电源，关闭压缩机吸气阀，同时关闭低压贮液桶的进气阀、出气阀、均液阀、放油阀及其他关联阀门，开启氨泵进液、出液阀及氨泵，将低压贮液桶内的氨液送至库房内，待低压贮液桶内无氨液后关闭氨泵进液阀。

6）排液桶漏氨（或在除霜、加压、排液、放油工作中）时，应立即关闭排液桶与其他设备相连的所有阀门，并根据排液桶的液位多少进行处理：如液量较少，开启减压阀进行减压；如液量较多时，应尽快将桶内液体排空，减少氨液的外泄量。

7）集油器漏氨（或在放油过程中）时，应立即关闭集油器的进油阀和减压阀。

8）放空气器漏氨时，应立即关闭混合气体进气阀、供液阀、回流阀、蒸发回气阀。

9）设备玻璃管破裂、油位指示器漏氨时，若上、下侧弹子失灵，应立即关闭油位指示器上、下侧的弹子角阀，尽早控制住氨液大量外泄。

2.3.4 制冷系统补充制冷剂的方法

1. 水冷式冷水机组制冷剂充注量的控制

水冷式冷水机组由压缩机、卧式壳管式冷凝器、热力膨胀阀、卧式壳管式蒸发器及辅件组成，结构紧凑，操作控制方便，安装调试简单。

对于没有设置高压贮液器和低压气液分离器的制冷系统，制冷剂充注量的控制尤为重要。因为这种制冷系统是冷凝器兼作高压贮液器，制冷剂加多了会储存在冷凝器中，使冷凝器散热面积减小、冷凝压力升高，导致制冷量下降。

这类制冷机组制冷剂充注量的控制方法是：在充注过程中，一摸冷凝器外壳温度，冷凝器进气口发热、出液口发凉就可以了；二看吸气压力，要与蒸发器的蒸发温度相对应；三看压缩机的回气管温度，高温机组的回气管应发凉结露，低温机组的回气管应结霜。如果结露或者结霜到压缩机外壳，液态制冷剂就会进入曲轴箱，会引起压缩机发生跑油和液击（也叫湿冲程）。对于封闭式压缩机来说还会使电动机的接线端子短路。虽然大部分封闭式机组的接线端子都用密封胶密封了，但由于密封效果的不确定性，短路的可能性还是存在的。

2. 风冷式冷水机组制冷剂充注量的控制

风冷式冷水机组因不需要循环水系统，而是使用风冷冷凝器，所以其制冷剂充注量的控制与水冷冷凝器是有区别的，就是在充注过程中还要关注散热器翅片的温度。在夏天，工作

过程中散热器翅片的全部外表面应发热，如果上部发热下部发凉，说明制冷剂充多了，发凉部分储存了液体制冷剂。其他特征与水冷式冷水机组相同。

2.3.5　制冷系统回收制冷剂的方法

1. 制冷剂回收机的工作原理

制冷剂回收是用专用设备将制冷装置或容器中的制冷剂收集到特定容器中的过程。制冷剂回收机由一台压缩机、冷凝器和（气液分离器）过滤器组成。被回收的制冷系统中的制冷剂在过滤器中被压缩后排入回收容器中。制冷剂回收机的吸气连接管接在压缩机的工艺管上，利用压缩机的吸气能力将制冷系统中的制冷剂通过一个较大的（气液分离器）干燥-过滤器抽吸到压缩机中，然后经过压缩机的压缩排到冷凝器中，再经过冷凝器的放热冷凝后，排到回收容器中。

2. 回收制冷剂的基本方法

在回收制冷剂的实际操作中，常使用压缩法进行制冷剂回收。压缩法的基本系统如图2-8所示，其工作原理是：制冷系统的氟利昂气体被直接吸入到压缩机中进行压缩，然后在冷凝器中进行液化，最后充入到回收容器中。

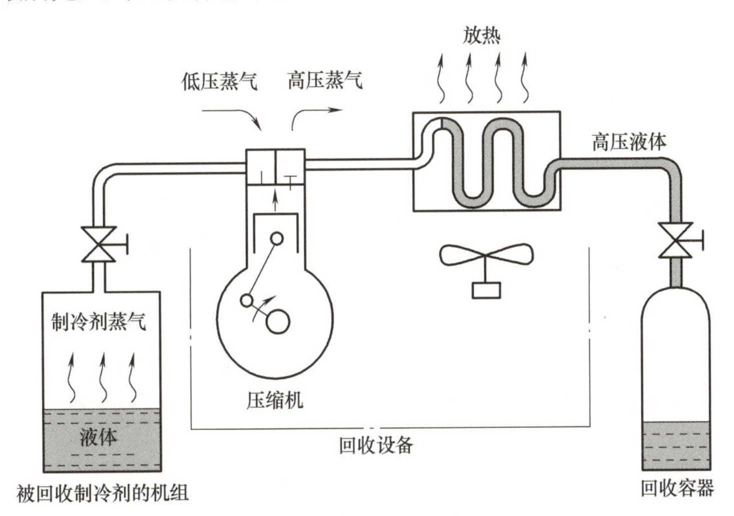

图2-8　压缩法的基本系统

压缩法的主要特点是：由于回收气体要通过压缩机，所以有混入冷冻机油的可能；由于回收气体被直接压缩和液化，所以效率较高；适合于中、大容量制冷系统制冷剂的回收。

3. 操作制冷剂回收机时的安全注意事项

1）回收瓶应当只用于盛装回收的制冷剂。不要将不同的制冷剂在回收机或回收瓶中混合，因为这样的混合物无法再循环利用。

2）要遵守回收设备上标示的“操作注意事项”，在熟知“操作说明书”之后再进行操作。

3）在向回收瓶排入制冷剂的同时，应注意回收瓶中制冷剂的量。因为过量充入制冷剂是很危险的，充入瓶中的制冷剂不要超过回收瓶的允许灌入量。还应在回收瓶上标明这是何种制冷剂。

4）为了防止回收瓶内压力过大，在压缩机的排气口必须装设高压开关（设定值必须根据管路和回收瓶所承受的压力而定，一般不超过 1.7MPa），或在回收瓶上安装压力表来控制压力。如果有可能，回收机上还应装有防止液体制冷剂进入压缩机的装置及油分离器。

5）不要用回收机回收碳氢制冷剂，除非回收机中的所有电气装置（包括压缩机）都是防爆或密封的。

6）在进行回收操作时，一定要使用防护眼镜和防护手套。

7）确认制冷剂软管等连接部位是否紧密连接。

8）在进行回收操作时不要离开操作间，要监视回收操作是否正常进行。

9）在回收操作完成之后，要确认回收机组和回收容器的连接口是否关闭。

10）使用双接口阀容器时，要注意区分气体接口和液体接口。

2.3.6 制冷剂回收瓶的结构及使用要求

1. 制冷剂回收瓶的结构

制冷剂回收瓶的结构如图 2-9 所示，都装有浮子开关，当钢瓶内的制冷剂达到内容积的 80%时，浮子开关会关闭回收设备。如果回收瓶无浮子开关，必须采用制冷剂标尺防止过充装。

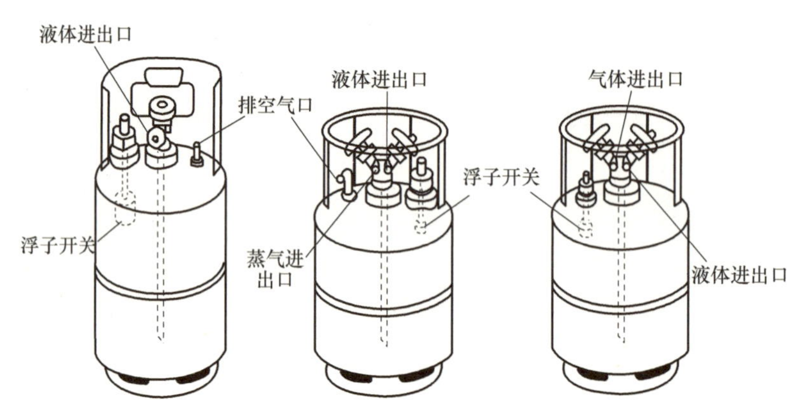

图 2-9 制冷剂回收瓶的结构

制冷剂回收钢瓶的顶部为黄色，筒体为灰色，再在钢瓶的周围添上一彩条，以示出钢瓶内保存的制冷剂的种类。

2. 制冷剂回收容瓶的使用要求

1）回收设备不可回收指定种类以外的制冷剂。

2）不能碰撞。

3）应进行日常检查，并确认回收瓶有无变形、腐蚀。

4）超过有效期的回收瓶不可使用（需要再检查）。

5）回收瓶搬运、移动、储藏的温度应低于 40℃。

6）不要将再利用瓶和销毁用容器混用。

7）回收瓶上要明确标示可充装的制冷剂名称，防止回收瓶在搬运、移动、储藏时混在一起无法分辨。

8）要注意回收瓶的充装量是否会导致满液情况出现。

9）销毁处理之后，要确认回收瓶内没有残留冷冻机油。

2.4　综合技能训练

技能训练1　使用仪表检测制冷设备的电流、电压和温度

（1）训练要求　使用万用表的交流档测量制冷装置的起动电压、运行电压；使用钳形电流表的交流档测量制冷装置的起动电流、运行电流；使用温度计测量制冷压缩机的吸、排气温度。

（2）训练步骤

1）正确选择及使用工具。正确选择万用表、钳形电流表、温度计等，测量制冷装置的电压、电流，以及制冷压缩机的吸、排气温度。

2）测量制冷装置的电压和电流。

① 选择万用表的合适量程，测量制冷装置的电源电压。

② 估计被测制冷装置电流的大小并选择钳形电流表的合适量程，然后钳住一根制冷装置电源线。

③ 开启制冷装置，此时钳形电流表上显示的瞬时电流为制冷装置的起动电流。制冷装置进入运行状态后，钳形电流表换小量程后再测量其运行电流。

3）使用温度计测量制冷压缩机的吸、排气温度。

4）记录实操数据。

① 制冷装置的起动电压是（　　）V，运行电压是（　　）V；所使用万用表的测量档位是（　　）。

② 制冷装置的起动电流是（　　）A；制冷装置的运行电流是（　　）A；所测制冷装置的正常运行电流是（　　）A；所使用钳形电流表的测量档位是（　　）。

③ 制冷装置周围的环境温度是（　　）℃，制冷压缩机的吸气温度是（　　）℃，制冷压缩机的排气温度是（　　）℃。

5）善后工作：清洁现场、整理工具、设备复位，并做好拆装记录。

技能训练2　使用仪表检测电动机绕组的温升

（1）训练方法　电动机绕组的温升通常用电阻法测定：

1）测量电动机运行前绕组的直流电阻 R_1 和环境温度 t_1。

2）接通电源，使电动机运行至热稳定状态。

3）测量热稳定时的环境温度 t_2，切断电源，并迅速测量绕组的直流电阻 R_2。

4）用式（2-1）计算出电动机绕组的温升值，即

$$\Delta t=\frac{R_2-R_1}{R_1}(K+t_1)-(t_2-t_1) \tag{2-1}$$

式中，当电动机为铜绕组时 K 取234.5℃。

当电动机运行至热稳定状态时，绕组的温度与周围环境的温度相差很大，断电后绕组的温度就会迅速下降，为保证测试的准确性，就要求在极短的时间内完成对 R_2 的测量。

（2）训练要求　由于转子和定子铁心中存在剩磁，如果电动机断电后转子因惯性仍继续转动，就会在绕组中产生感应电流，因此在测试前必须首先将转子制动；电路中存在的绕组和电容器这些储能元件，在断电后仍会储存能量，要在测试前先给它们放电。

（3）训练步骤

1）正确选择及使用工具。选择电工常用工具、万用表和温度计等测量电动机绕组的温升情况。

2）书面回答使用电阻法测定电动机绕组温升的方法。

3）使用万用表和温度计测出运行前绕组的直流电阻 R_1 和环境温度 t_1 及热稳定时的环境温度 t_2；切断电源，并迅速测量绕组的直流电阻 R_2。

4）通过式（2-1）计算出电动机绕组的温升值。

5）善后工作：清洁现场，整理工具，设备复位，并做好拆装记录。

技能训练 3　根据润滑油、结霜和结露等的情况判断制冷系统的密封性

（1）训练要求　根据润滑油、结霜和结露等的情况判断小型制冷装置的密封性。

（2）训练步骤

1）正确选择及使用工具。选用制冷维修常用工具、三通维修阀、双歧表、钳形电流表等。

2）书面回答制冷系统泄漏的故障现象。

3）操作，即检查小型制冷装置的密封性。

① 检查小型制冷装置各接头、管路处有无油迹。

② 检查蒸发器表面是否凝露。

③ 检查压缩机回气管的温度。

④ 检查冷凝器的温度。

⑤ 使用双歧表检查压缩机的吸气压力。

⑥ 使用钳形电流表检查压缩机的工作电流。

4）明确制冷系统泄漏的故障现象，如蒸发压力明显降低，冷凝压力也有所下降；泄漏点周围有油迹；只有部分蒸发器结霜；压缩机回气管的温度偏高；压缩机的工作电流略有下降等。

5）善后工作：清洁现场，整理工具，设备复位，并做好拆装记录。

技能训练 4　制冷系统更换润滑油

（1）训练要求

1）正确选择润滑油。

2）明确润滑油的作用。

3）安全操作。

（2）训练步骤

1）正确选择及使用工具。选用制冷维修常用工具、三通维修阀、双歧表、真空泵等。

2）书面回答更换润滑油的方法。

3）更换润滑油的操作方法如下：

① 回收制冷剂。

② 将制冷压缩机从系统中拆卸下来。

③ 拆卸制冷压缩机底板，放尽余油。

④ 用煤油清洗箱体并烘干，装上底板。

⑤ 拧开注油孔螺栓，灌入清洁的润滑油，至视油镜 1/2~2/3 处。

⑥ 把制冷压缩机安装到系统中去。

⑦ 进行真空泵的三点检查（油位、绝缘、吸气能力）。

⑧ 将制冷压缩机与双歧表、真空泵连接。

⑨ 进行抽真空，当压力表数值达到-0.1MPa 后，真空泵再运行 30min 以上，关闭双歧表阀，停泵拆除连接管。

⑩ 善后工作：清洁现场，整理工具，设备复位，并做好拆装记录。

技能训练 5　根据冷库负荷调配制冷压缩机和冷风机的台数

（1）训练要求

1）掌握冷库冷风机及机组匹配计算的相关知识。

2）按冷库负荷计算表进行精确计算。

3）安全操作。

（2）训练步骤

1）正确选择及使用工具。

2）冷藏库匹配。

选配冷风机时，每立方米负荷按照公式 $W_0=75\text{W/m}^3$进行计算：

① 若是容积 $V<30\text{m}^3$，且开门次数较频繁的冷库，如鲜肉库，则所乘系数 $A=1.2$。

② 若是 $30\text{m}^3 \leqslant V<100\text{m}^3$，且开门次数较频繁的冷库，如鲜肉库，则所乘系数 $A=1.1$。

③ 若是 $V \geqslant 100\text{m}^3$，且开门次数较频繁的冷库，如鲜肉库，则所乘系数 $A=1.0$。

④ 若是单个冷藏库，则所乘系数 $B=1.1$，最终的冷风机选配按 $W=ABW_0$计算，其中 W 为冷风机的热负荷。

选配机组时，按 $Q_0=65\text{W/m}^3$计算：

① 若是容积 $V<30\text{m}^3$，且开门次数较频繁的冷库，如鲜肉库，则所乘系数 $A=1.2$。

② 若是 $30\text{m}^3 \leqslant V<100\text{m}^3$，且开门次数较频繁的冷库，如鲜肉库，则所乘系数 $A=1.1$。

③ 若是 $V \geqslant 100\text{m}^3$，且开门次数较频繁的冷库，如鲜肉库，则所乘系数 $A=1.0$。

④ 若是单个冷藏库，则所乘系数 $B=1.1$，最终的机组选配按 $Q=ABQ_0$计算，其中 Q 为机组的制冷能力。

机组及冷风机匹配按-10℃蒸发温度计算。

3）书面回答冷库冷风机及机组匹配计算的方法。

4）善后工作：清洁现场，整理工具，设备复位，并做好拆装记录。

技能训练 6　根据制冷压缩机的运行需要调定油压

（1）训练要求

1）明确油压差控制器的作用。

2）清楚油压差控制器的安装要求。

① 高、低压接口分别接油泵出口和曲轴箱，切不可接反。

② 控制器本体应垂直安装，高压口在下，低压口在上。

3）采用热延时的油压差控制器，动作过一次后，必须待热元件完全冷却（需 5min 左右）、手动复位后，才能再次使用。

4）安全操作。

（2）训练步骤

1）正确选择及使用工具。

2）油压差控制器的调整。

① 使用工具转动调节轮改变弹簧张力，可改变压差调定值。

② 制冷压缩机正常运行时，按下试验按钮，达到延时时间（60s±20s）后应停机。

③ 运行时调低润滑油压力。压差开关动作时，润滑油压力表和吸气压力表的差值为油压差控制器的压差调定值（压差调定值一般设为 0. 15~0. 2MPa）。

3）善后工作：清洁现场，整理工具，设备复位，并做好拆装记录。

技能训练 7　制冷剂的紧急排放

（1）训练要求

1）明确紧急泄氨器的作用。为了防止制冷设备在遇到意外事故（如火灾）和不可抗拒的灾害（如地震、战争）时发生爆炸，把制冷系统中贮存大量氨液的容器（如贮氨器等）用管路与紧急泄氨器连接，当情况紧急时，通过紧急泄氨器将氨液放出。

必须强调指出，只有在发生火灾或其他意外重大事故，危及制冷系统和人身安全时，才可使用紧急泄氨器，但不能以使用率极低甚至从未使用为理由而不设紧急泄氨器。

2）掌握紧急泄氨器的结构。图 2-10 所示为紧急泄氨器。它由直径不同的两支无缝钢管，套在一起后焊接制成。伸入大直径壳体内的小直径无缝钢管侧面开有许多出液小孔，氨液入口处与贮液器及蒸发器等设备的泄氨接口连接。侧面有一水管接入壳体，水入口处与供水管连接。当紧急泄氨时，侧向水管喷入大量水，将由出液小孔喷出的液氨溶解于水，溶液则由出口泄出。

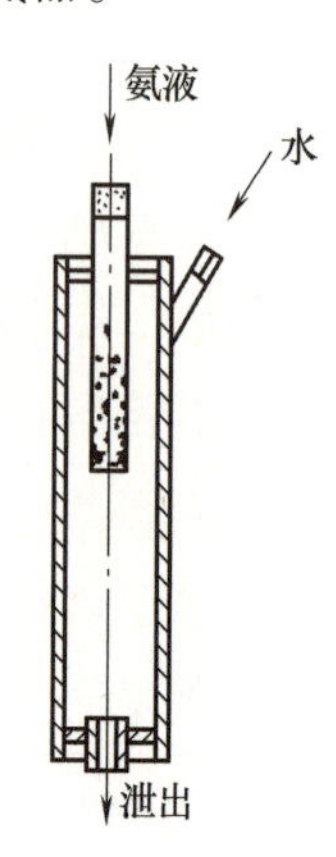

图 2-10　紧急泄氨器

（2）训练步骤（模拟操作）

1）打开进水阀。

2）迅速打开进氨阀（使用的是模拟溶液）。

3）使氨液（模拟溶液）与水一起排放至下水道中，以减少环境污染和确保安全。

4）善后工作：清洁现场，整理工具，设备复位，并做好拆装记录。

2.5 技能大师高招绝活

2.5.1 利用压力控制法充注制冷剂

1. 制冷装置充注制冷剂并调试

依据制冷剂饱和蒸发温度与制冷装置压力的对应关系，根据制冷剂的蒸发温度即可查出相应的蒸发压力，再将蒸发压力换算成表压，就可在高、低回路中安装压力表来判断制冷剂的充注量了。环境温度在30℃时，制冷装置大都采用R22作为制冷剂，R22的蒸发温度为5~7.2℃，相对绝对压力值为0.593~0.63MPa。充注到此压力后关闭钢瓶阀门，停止加液，在此压力下运转一段时间，表压应稳定在此压力下。若出水管滴水，此时可以认为制冷剂充入量合适。

2. 任务要求

1）按照表2-1给定的部分参数值，充注适量制冷剂。注意：在操作过程中，不得向外大量排放制冷剂。

2）将制冷装置设置为：制冷模式，设定温度18℃，高风档。断开所有与制冷系统连接的外接管路，在表2-1中记录运行开始时间。

3）运行15min后，查看运行结束时间及各项参数值，记录在表2-1中。

表2-1 制冷装置试运行记录

项目名称	项目内容	运行参数参考值	实测值	备注
通电试运行	运行开始时间			
	运行结束时间			
	低压压力/bar	4.5~5.3		
	压缩机运行电流/A	—		

2.5.2 看制冷剂压力表判断制冷剂的种类

1. 制冷剂压力表介绍

制冷剂压力表也称为冷媒表或氟表，可测量制冷系统的当前压力，主要用于检测制冷系统的制冷剂在不同阶段的压力值。使用人员应掌握该设备的运行状况。现在我国对制冷剂压力表的精度要求是达到2.5级。

制冷剂压力表一般分为高压表和低压表，一般低压表的最大量程为1.8MPa（见图2-11），高压表的最大量程为5.5MPa（见图2-12）。

2. 读压力值

1）低压表外一圈数值的单位为MPa，如指针指到“3”，即当前的压力为0.3MPa；由外到内第二圈数值的单位为kgf/cm^2。

2）高压表内一圈红色数值的单位为bar，如指针指到“20”，即当前的压力为20bar。

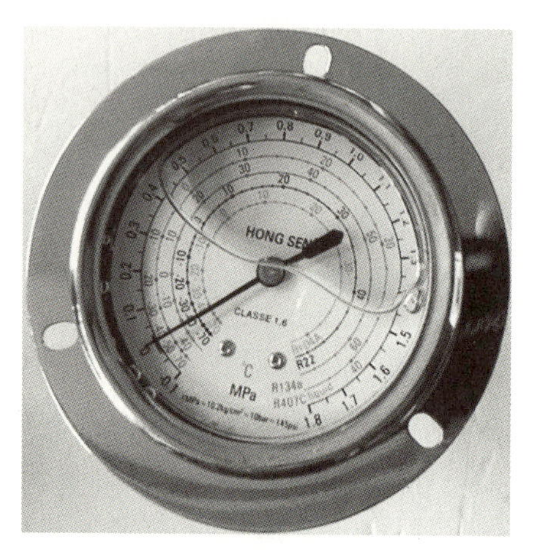

图 2-11　低压表

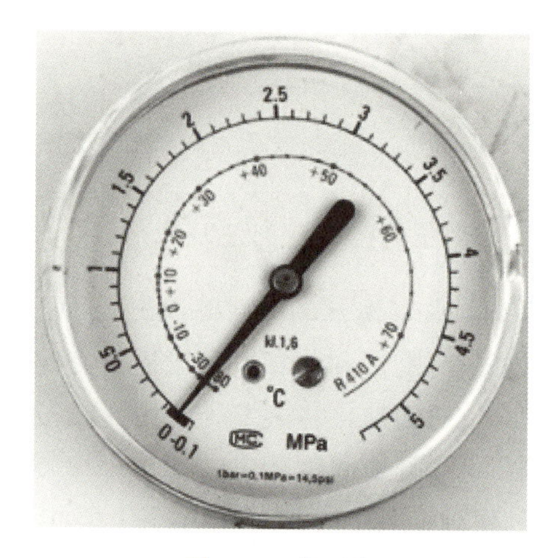

图 2-12　高压表

3）不同压力单位的转换：1MPa≈10kgf/cm^2≈10bar≈145Psi。其中，Psi 的中文名称为磅力每平方英寸，单位符号为 lbf/in^2。

3. 读温度值

1）低压表由外往内数：第 2 圈蓝色为 R407C 的温度值，单位为℃；第 4 圈黑色为 R22 的温度值，单位为℃。

例如：一台冷水机的制冷剂使用 R22，运行时低压压力为 0.5MPa，对应的冷凝温度约为 6℃；一台冷水机的制冷剂使用 R134a，运行时低压压力为 0.3MPa，对应的冷凝温度约为 9℃。

2）高压表由内往外数：第 1 圈黑色为压力值，单位为 MPa 或 bar；第 2 圈黑色为 R404A 的温度值，单位为℃；第 3 圈蓝色为 R134a 的温度值，单位为℃；第 4 圈绿色为 R22 的温度值，单位为℃。

例如：一台冷水机的制冷剂使用 R22，运行时高压压力为 1.8MPa，对应的冷凝温度约为 50℃；一台冷水机的制冷剂使用 R134a，运行时高压压力为 1.4MPa，对应的冷凝温度约为 55℃。

4. 根据压力值判断制冷剂的种类

在压缩机没有运行时压力为平衡压力，即高低压力相同，其压力值与环境温度或水箱水温对应。例如：R22 的环境温度为 30℃时，压力表的平衡压力约为 1.1MPa；R22 的环境温度为 10℃时，压力表的平衡压力约为 0.6MPa。

1. 使用万用表测量电压（电流）与测量电阻的区别是什么？
2. 膨胀阀的作用是什么？
3. 膨胀阀的调整方法是怎样的？
4. 为什么压缩机在运行时其油压比吸气压力高 0.15~0.3MPa？
5. 油压调节阀的调整方法是怎样的？

6. 油压差控制器的调整方法是怎样的？
7. 温度控制器的调整方法是怎样的？
8. 压力继电器的调整方法是怎样的？
9. 制冷系统检漏的操作方法是怎样的？
10. 制冷系统补充制冷剂的方法是怎样的？
11. 制冷系统回收制冷剂的方法是怎样的？

项目 3

制冷系统常见故障的处理

3.1 活塞式制冷压缩机常见故障的处理

3.1.1 活塞式制冷压缩机起动时常见故障的处理

活塞式制冷压缩机起动时无法正常起动的原因及解决方法：

1）要先检测是否由供电电压过低或是电动机线路连接不良造成的。如果是因为电网电压过低，则待电网电压恢复正常后再次起动；如果是因为线路接触不良，可检测供电线路与电动机相关控制点的连接处是否接触良好，若有虚接现象，予以修复即可。

2）检查排气阀片是否漏气。如果因排气阀片破损或密封不严漏气造成曲轴箱内压力过高，致使其无法正常起动，则更换压缩机的排气阀片和密封垫即可。

3）检查压力继电器的参数设置是否准确。检测压力继电器，若不正确重新设定压力参数即可。

3.1.2 活塞式制冷压缩机加载过程中常见故障的处理

活塞式制冷压缩机加载过程中能量调节机构失灵时的检修方法如下：

1）检查一下压缩机是否油压过低或者油管因变形而堵塞了。若是油压过低，可调整压缩机的油压调节阀，增大油压即可；若是因油管变形而堵塞，更换输油管即可。

2）检查是否由于油活塞被卡住。若是，应将油活塞卸下来清洗并将脏油换掉，重新正确组装即可。

3）检查是否因拉杆与转动环安装不正确，致使转动环被卡住。若是，应重点检查拉杆与转动环的装配情况，并将其修理至转动环能灵活转动为止。

4）检查是否因油分配阀装配不当所致。若是，应用通气法检查各工作位置是否适当，并重新调整油分配阀即可。

3.1.3 活塞式制冷压缩机运行时联轴器出现杂音故障的处理

活塞式制冷压缩机运行时联轴器出现杂音的故障，多发生在运行时间较长的制冷压缩机，或者已经维修过联轴器的制冷压缩机上。其故障原因是：制冷压缩机与电动机联轴器配合不当；联轴器的键和键槽配合不当；联轴器的弹性圈松动或损坏；联轴器内孔与轴配合松动。

活塞式制冷压缩机运行时联轴器出现杂音故障的排除方法：按正确装配要求重新装配；调整键与键槽的配合或换新键；紧固弹性圈或换新件；调整装紧联轴器时的同轴度。

3.1.4 活塞式制冷压缩机运行中油压异常故障的处理

活塞式制冷压缩机运行中油压异常故障的检查及处理方法如下：

1）检查油泵管路系统连接处有无漏油处或堵塞处。若是漏油，应紧固接头；若是堵塞，应疏通油泵管路。

2）检查油压调节阀是否开启过大或者阀芯是否脱落。若是油压调节阀调节不当，应调整油压调节阀，并将油压调至需要的数值；若是阀芯脱落，则要重新将阀芯装好，并且紧固牢靠。

3）检查是否因曲轴箱内润滑油太少，导致油泵不进油。若是润滑油太少，应及时加注润滑油至视油镜1/2~2/3位置。

4）检查油泵是否磨损严重、间隙过大，造成油压过低。若是油泵磨损严重，应对磨损部件予以更换。

5）检查连杆轴瓦、主轴瓦、连杆小头衬套和活塞销是否已经严重磨损。若是，应及时更换相关零部件。

6）检查曲轴箱后端盖垫片是否发生错位，堵塞了油泵的进油通道。若是，应将曲轴箱后端盖垫片拆卸下来进行检查，并将垫片的位置重新固定好。

3.2 活塞式制冷压缩机辅助设备常见故障的处理

3.2.1 氨泵常见故障的处理

氨泵的常见故障及其处理方法如下：

1. 不能起动或正常运行中突然停泵

故障原因：氨泵停机时间较长，泵内液体大量蒸发，造成系统的净吸入压头降低，产生气蚀，差压控制器动作；制冷系统的低压循环贮液桶液位过低，吸入段净压头不够，差压控制器动作；压缩机差压控制器的延时时间过短；差压控制器的调定值定得太高，在设定时间内氨泵达不到调定的压差值。

排除方法：首先要排除泵内气体后再开泵；排除低压循环贮液桶供液控制系统的故障；调整延时时间，齿轮泵一般调至30~60s，屏蔽泵一般调至6~10s；正确调定压差值，齿轮泵通常为0.07~0.08MPa，屏蔽泵通常为0.05~0.06MPa。

2. 氨泵电动机工作电流和压力下降

故障原因：制冷系统的低压循环贮液桶液面过低；氨泵内进入大量润滑油；氨泵内吸入了气体；叶轮损坏；供液管堵塞等。

排除方法：排除低压循环贮液桶供液控制系统的故障；检查氨泵内进入大量润滑油的原因并予以排油；放空泵内气体；更换新叶轮；清理供液管。

3. 氨泵密封器泄漏，氨泵密封器温度过高

故障原因：氨泵的动环和定环磨损、拉毛；氨泵密封器的橡胶密封圈磨损、老化；氨泵密封器的压盖螺母压得过紧，将间隙压死，使温度升高。

排除方法：清洗、研磨氨泵的密封环；更换氨泵密封器的橡胶密封圈；氨泵密封器温度过高时应调整密封器压盖螺母的松紧度。

4. 氨泵有振动和噪声

故障原因：电动机轴与泵轴安装不同轴；轴承磨损引起二轴不同轴；叶轮与密封环摩擦；紧固螺栓松动；氨泵产生严重气蚀，部分零件损坏或松动。

排除方法：重新调整电动机轴与泵轴安装的同轴度；更换磨损的轴承；重新调整叶轮与密封环的间隙，并对摩擦造成损伤的部位进行修理；紧固松动的螺栓。

3.2.2 制冷系统冰堵与脏堵故障的处理

1）冰堵是指氟利昂制冷系统中制冷剂含水量超标，制冷剂在流经节流机构时，在节流处结冰，造成膨胀阀孔堵塞的现象。

判断方法：在节流机构外进行加热，若加热后能消除上述现象即为冰堵，否则为脏堵。

排除方法：更换制冷系统干燥-过滤器中的干燥剂或整体更换干燥-过滤器即可。

2）脏堵是指制冷系统的制冷剂管路中阀门或过滤网被污垢堵塞而阻碍制冷剂流动，使系统中制冷剂流量减小，制冷量下降甚至不能制冷的现象。

排除方法：拆下制冷系统管道上的干燥-过滤器，整体更换干燥-过滤器，或拆开干燥-过滤器，倒出其中的干燥剂后，用煤油对过滤网进行清洗，之后重新装上新干燥剂，恢复系统运行即可。

3.3 电气系统故障的处理

3.3.1 制冷系统的控制设备概述

1. 制冷系统的自动控制设备

（1）制冷工艺参数的自动检测控制设备　主要有继电器、膨胀阀、压力表、温度计、液位计、浮球阀等进行温度、压力、流量、液位等的自动检测控制的仪器仪表。

（2）工艺流程的自动检测控制设备　主要有高低压继电器、电磁阀等，可控制制冷压缩机、氨泵、冷风机、水泵等设备的停开，并对制冷系统中各回路的工艺自动化流程的程序进行自动控制。

（3）制冷装置的自动检测控制设备　主要有液位、压力、温度、湿度和时间等控制元件，对库房的温度、湿度，容器中的液位、压力、流量，压缩机能量进行自动调节。

（4）自动保护控制设备　主要是利用保护装置的故障显示、安全报警和断电停机等功能，对制冷系统的正常运行和操作人员的安全进行自动保护控制。

目前，制冷系统的自动控制有继电器元件控制和逻辑元件控制两种，且逻辑元件控制部分正在逐步增加，以简化电控线路，提高自动化控制的程度。

2. 制冷系统电气控制设备的作用

（1）按钮　按钮是中小型制冷设备中常用的电气控制开关，如图 3-1 所示。按钮按其触头的工作状态，分为常开按钮和常闭按钮。常开按钮用于接通电路，常闭按钮用于断开电

路。同时具有常开和常闭功能的按钮称为复合按钮，一般用于压缩机、水泵电动机的互锁控制。

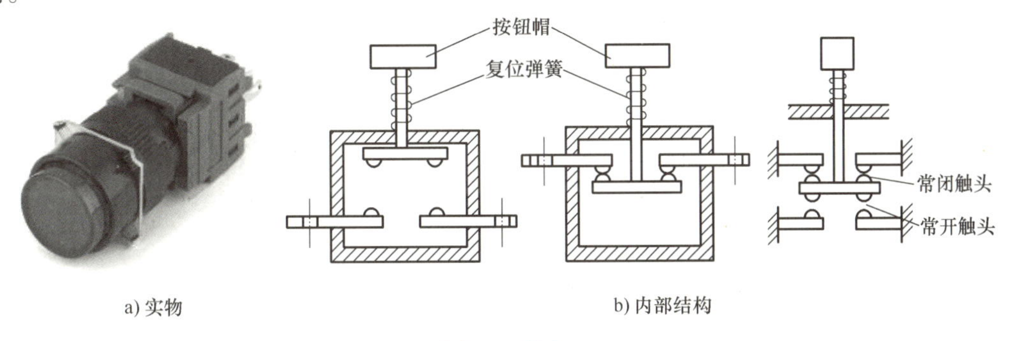

图 3-1 按钮

（2）交流接触器 交流接触器是一种常用的低压电器，其作用是用电磁铁控制动、静触头的闭合或分断，实现接通和切断电动机电路的目的。作为接通或断开电路的控制装置，它便于集中控制和远距离操作，具有频繁接通和切断大电流电路的能力，并有失电压和欠电压保护的功能。交流接触器的实物和内部结构如图 3-2 所示。

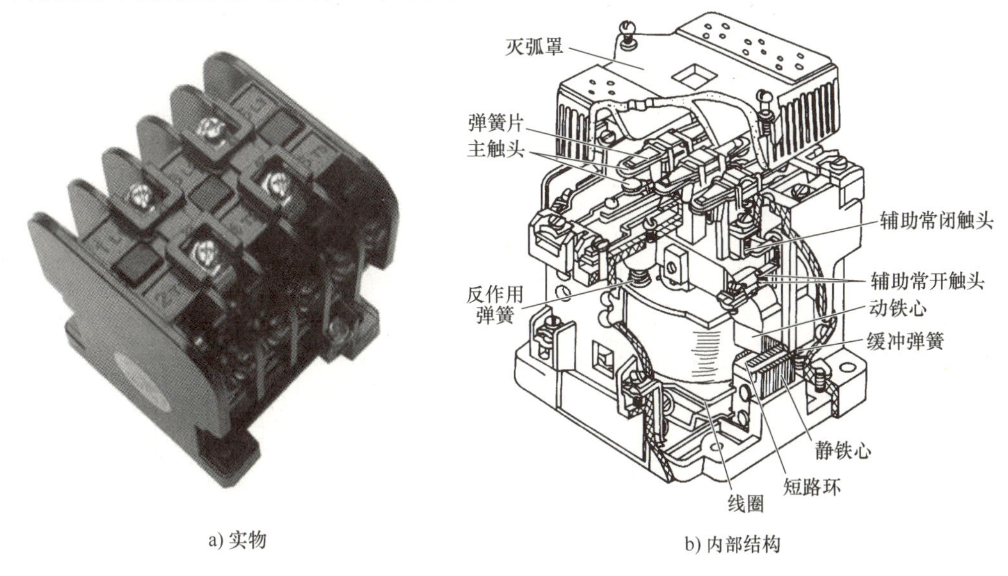

图 3-2 交流接触器的实物和内部结构

交流接触器主要由电磁系统（动、静铁心与线圈）和触头组成。线圈与静铁心（下铁心）固定不动，当线圈通电时，铁心线圈产生电磁吸力，将动铁心（上铁心）吸合。由于主触头和动铁心固定在同一根轴上，因此使常开触头闭合、常闭触头断开，接通所控制的电动机电路，电动机起动运行，同时交流接触器也处于工作状态。当线圈断电时，电磁吸力消失，动铁心与静铁心依靠反作用弹簧的作用而分离，触头恢复原位，即常开触头断开、常闭触头闭合，此时交流接触器的状态称为释放状态。

控制电路通断的接触器触头包括 3 副主触头和 4 副辅助触头。主触头起接通和断开主电路的作用，允许通过大电流，使用时分别串联在主电路内。辅助触头可以完成电路的各种控制要求，如自锁、联锁等，允许通过较小的电流，使用时一般接在控制电路中。触头又可以分为常开触头和常闭触头两类。常开触头是指线圈未通电时，其动、静触头处于分离状态，线圈通电后动、静触头才能闭合，因此又称为动合触头。常闭触头是指线圈未通电时，动、静触头是闭合的，而线圈通电后则分离，所以又称为动断触头。交流接触器的主触头都是常开触头，而辅助触头有常开触头，也有常闭触头。常开触头和常闭触头都是联动的，即接触器线圈通电动作时，常闭触头先断开，随即常开触头就闭合。

交流接触器工作时，动、静触头在断开时会产生电弧，如不迅速熄灭，可能将主触头烧蚀、熔焊。因此，用在冷库制冷系统电气控制电路中的大容量交流接触器都设有灭弧罩，其作用是当交流接触器工作时，动、静触头在断开时产生电弧后，迅速熄灭电弧，保护主触头免于烧坏。

（3）热继电器　热继电器常用在制冷系统的控制电路中，其实物如图 3-3 所示。

图 3-3　热继电器的实物

热继电器的用途是对压缩机的电动机进行过载保护。当电动机长期过载或断相运行时，其电流都可能超过额定电流，但又比其出现短路故障时的电流小得多，所以电路中的熔断器不会动作，若此时不迅速采取保护措施，时间一长会引起电动机绕组温升过高，影响其使用寿命，甚至引起电动机绕组烧毁。因此，在电路中使用热继电器作为长期过载保护之用。

制冷系统控制电路中常用的热继电器主要有 JR0、JR5、JR15、JR16 等系列。

热继电器主要由双金属片、发热元件、动作机构及触头系统组成。图 3-4 所示为热继电器的外形与内部结构。

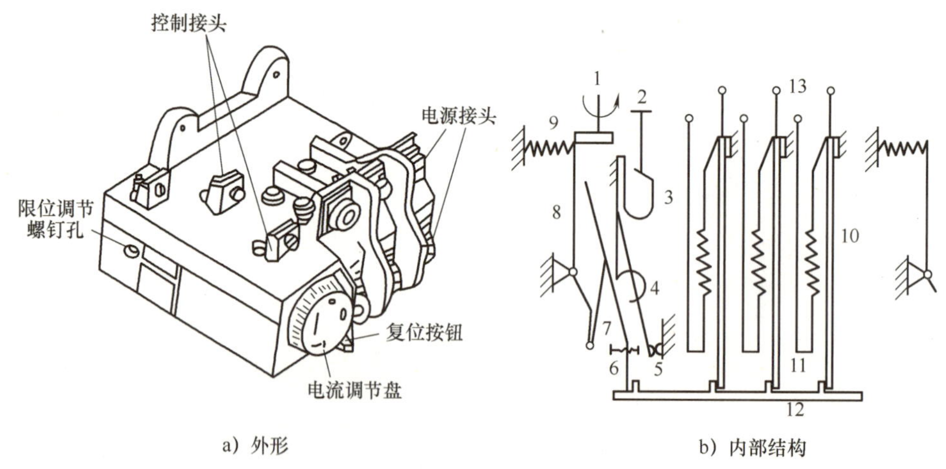

a）外形　　b）内部结构

图 3-4　热继电器的外形与内部结构

1—电流调节凸轮　2—复位按钮　3—复位簧片　4—触头簧片　5—触头　6—限位调节螺钉　7—推杆　8—调节杆　9—弹簧　10—双金属片　11—热阻丝　12—导板　13—电源接头

热继电器的发热元件是由阻值不大的电阻片或电阻丝绕制而成的，工作时串联在电动机的三相定子绕组电路中，所以流过发热元件的电流就是流过电动机的电流。热继电器的工作原理是电流越大，产生的热量就越多，此热量传给感温元件——双金属片。双金属片是用两层热膨胀系数相差较大的金属片叠焊或轧制在一起制成的。工作过程中，当电动机在额定负载下正常运行时，发热元件的发热量不足以使双金属片动作。而当电动机发生过载时，流过

发热元件的电流较大，产生的热量也大，使双金属片受热产生足够的弯曲位移，通过动作机构，迫使串联在电动机控制电路中的常闭触头断开，则接触器线圈断电，接触器的主触头断开，切断电动机供电电路，从而起到过载保护的作用。

热继电器动作以后，有两种复位方式：一种是自动复位，即在热继电器动作后，经过一段时间（称为复位时间）后，热继电器的常闭触头会自动闭合；另一种是手动复位，即在热继电器动作后，经过 5min 左右的复位时间后，用手按一下复位按钮使其复位。

由于电动机等被保护对象的额定电流大小各异，为了减小热继电器的规格，在热继电器上设有电流调节盘，调节范围是 66%～100%，例如额定电流为 16A 的热继电器，过载动作电流值可调定为 10A。

（4）电磁阀　制冷系统中的电磁阀通常安装在制冷系统管路中的膨胀阀之前，并与压缩机同步工作。电磁阀的作用是：压缩机停机时电磁阀关闭，使液体制冷剂不能继续进入蒸发器内，以防止液体制冷剂进入压缩机气缸中，当压缩机再次起动时造成“液击”故障。

电磁阀可分为直接作用式和间接作用式两种。用于商业制冷设备中的电磁阀一般为直接作用式。

直接作用式电磁阀的实物和内部结构如图 3-5 所示。它由阀体和电磁头两部分组成。

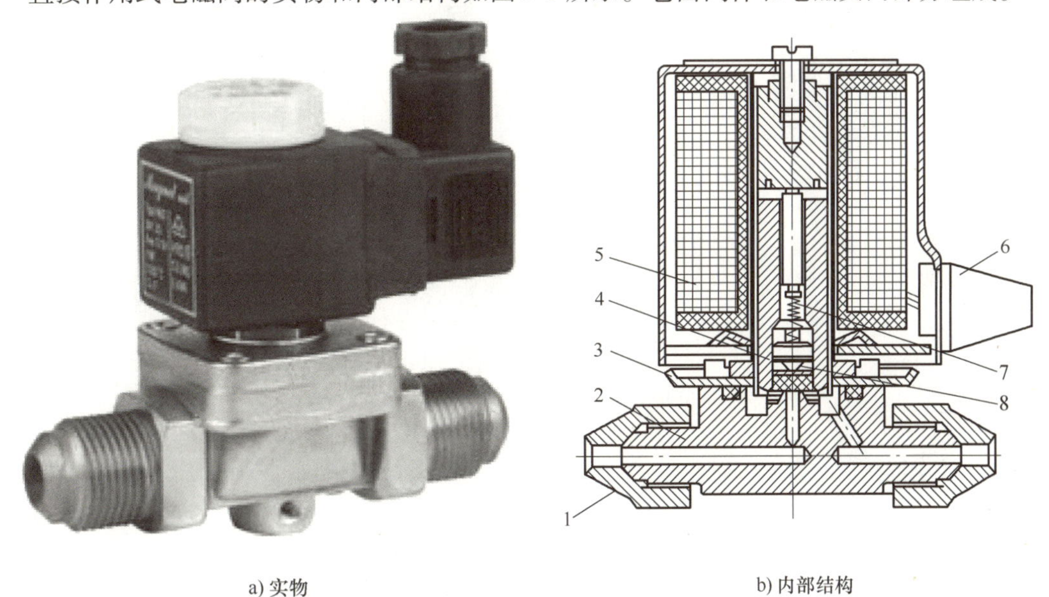

a) 实物　　b) 内部结构

图 3-5　直接作用式电磁阀的实物和内部结构

1—螺母　2—接头和阀体　3—座板　4—衔铁　5—电磁线圈　6—接线盒　7—弹簧　8—阀针

直接作用式电磁阀的工作原理是：当电磁头中的线圈通电时，线圈与衔铁产生感应磁场，衔铁带动阀针上移，阀孔被打开，制冷系统中的液体制冷剂正常流动。当电磁头中的线圈断电时，磁场消失，衔铁靠自重和弹簧力下落，阀针将阀孔关闭，制冷系统中的液体制冷剂停止流动。

所谓直接作用式电磁阀，就是利用电磁头中的衔铁直接控制阀孔的启闭。此种电磁阀只适用于控制直径在 3mm 以下的阀孔。

电磁阀的选用要求是：一般应根据系统的流量选择合适接管口径的电磁阀，同时还要考

虑其工作电压、适用的环境温度、工作压力等参数要求。电磁阀安装时的要求是：电磁阀的阀体应与管道垂直，以保证电磁阀阀芯能轻松地上下运动；为保证电磁阀关闭时的严密性，要求系统中介质的流动方向与电磁阀阀体上的标注方向一致；为防止电磁阀阀芯孔被脏堵，应在电磁阀前端安装过滤器；电磁阀阀体要固定在机组或支架上，以免发生振动造成系统泄漏。

（5）温度继电器　温度继电器是一种调控冷藏库内温度的装置。温度继电器的作用有两个：一是通过调节旋钮改变冷藏库内的温度；二是使冷藏库内的温度在设定的温度范围内实现自动控制。

制冷系统中常用的压力式温度继电器有 WTZK 系列和 WTQK 系列。图 3-6 所示为 WTZK 系列温度继电器的实物和内部结构。它主要由感温包、毛细管、波纹管室（气箱室）、主弹簧、差动器、杠杆、拨臂、动触头、静触头等部件组成。其中，感温包、毛细管和波纹管室构成感温机构。在密封的感温机构中充有 R12、R22 或 R40（氯甲烷）工质，作为感温剂。

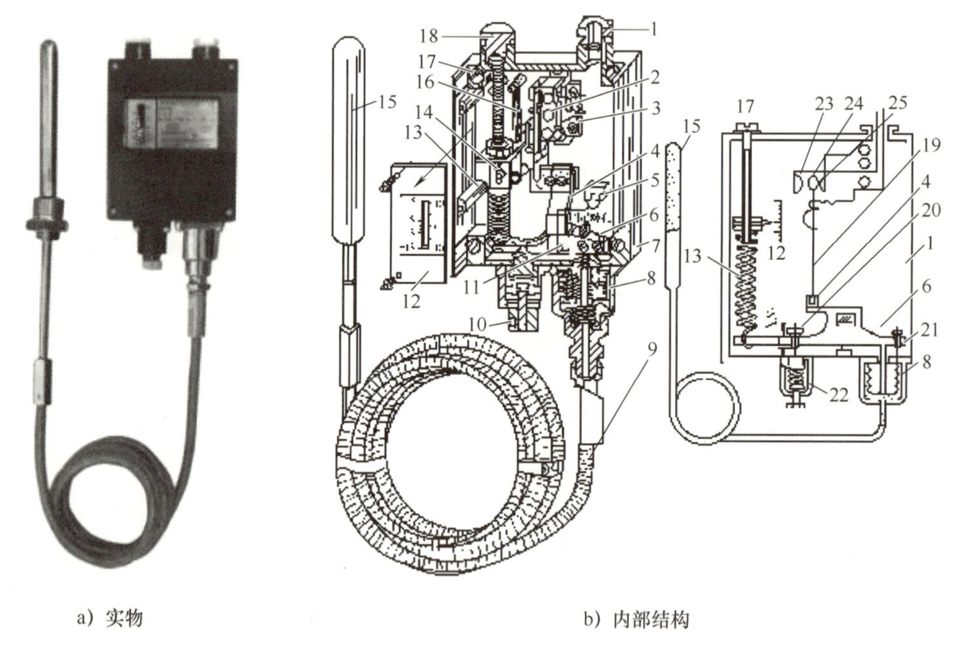

a）实物　　b）内部结构

图 3-6　WTZK 系列温度继电器的实物和内部结构

1—出线套　2—开关　3—接线夹　4—拨臂　5—刀支架　6—杠杆　7—轴尖座　8—波纹管室（气箱室）　9—毛细管　10—差动旋钮　11—刀　12—标尺　13—主弹簧　14—指针　15—感温包　16—导杆　17—调节螺杆　18—锁紧螺母　19—跳簧片　20—螺钉　21—止动螺钉　22—差动器　23、25—静触头　24—动触头

WTZK 系列温度继电器的工作原理是：感温包和波纹管室中的感温剂感受到被测介质的温度变化后，感温剂的饱和压力作用于波纹管室，此时波纹管室产生的顶力矩与主弹簧产生的弹性力矩的差值也发生变化，杠杆便在这一力矩差值的推动下转动，当转动一定角度后，杠杆将受到差动器中幅差弹簧的作用。因此，在杠杆转动时，波纹管室所产生的顶力矩不仅要克服主弹簧的反向力矩，而且要克服幅差弹簧的反向力矩。当杠杆继续转动达到一定角度时，拨臂才能拨动动触头，使其迅速动作。

主弹簧也称为定值弹簧，调节其拉力大小可用于设定所需温度的下限值（即设定的停机温度值）。其调节方法是用螺钉旋具调节调节螺杆，其数值可从指针所指的标尺上读出。

差动器中的幅差弹簧是调节回差值的。当被测的制冷装置因工作温度降低到所需的数值后而停机，当温度上升后，不是一超过设定温度值的下限就开机，而是允许温度回升几摄氏度再开机，这一允许回升值就称为回差值，它可通过旋转差动旋钮来调节。更贴切地说，调节幅差弹簧的压力大小，就是设定温度继电器从触头断开状态到闭合状态的温度差值。

图 3-7 所示为 WTQK 系列温度继电器的实物和内部结构。WTQK 系列与 WTZK 系列温度继电器不同的是：WTQK 系列温度继电器波纹管内的压力直接作用于主弹簧，然后通过差动调节件及调节套拨动微动开关，以接通或断开控制电路。

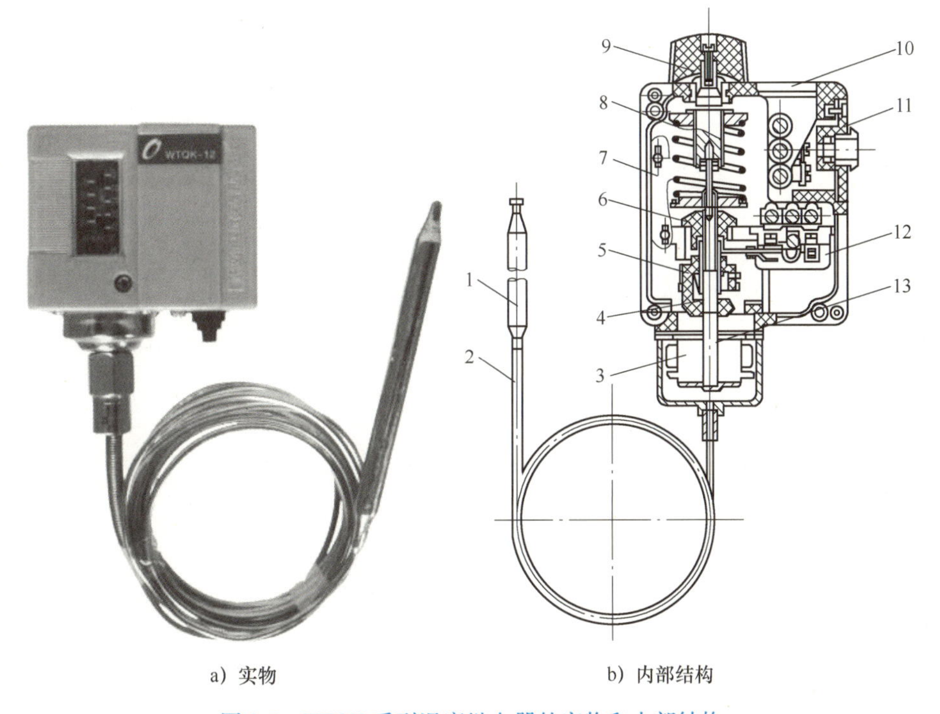

a）实物　　b）内部结构

图 3-7　WTQK 系列温度继电器的实物和内部结构

1—感温包　2—毛细管　3—波纹管　4—调节座　5—差动调节件　6—调节套　7—刻度板　8—主弹簧　9—旋钮　10—壳体　11—接线盒　12—微动开关　13—顶杆

WTQK 系列温度继电器的工作原理是：当被测工质的温度低于设定温度最低值时，主弹簧推动顶杆下移，调节套驱动微动开关动作，控制回路被切断，而当被测工质的温度上升，感温包内压力增加时，波纹管被压缩，并通过顶杆压缩主弹簧，使差动调节件向上位移，驱动微动开关动作，接通控制回路。

调节 WTQK 系列压力式温度继电器时，通过调节旋钮可以改变调节弹簧的弹力，从而改变温度继电器断开时的温度值。调节弹簧的弹力越大，微动开关断开时的温度就越高。差动调节件可以改变它与调节套之间的间隙，间隙越大，微动开关触头的闭合温度与断开温度差值就越大，因此差动调节件可以控制欲控温度的最高值。

热敏电阻式温度继电器的感温元件是一种可以随温度改变阻值的电阻，称为热敏电阻。

热敏电阻式温度继电器是利用热敏电阻受温度变化影响，其阻值会发生变化的现象，按照惠斯通电桥原理制成的。图 3-8 所示为惠斯通电桥。

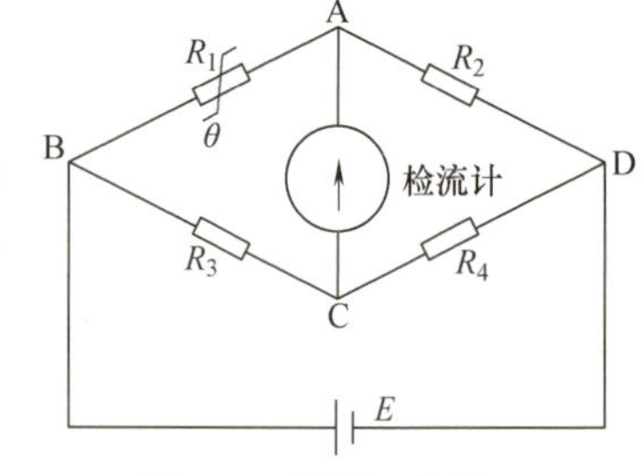

图 3-8　惠斯通电桥

在惠斯通电桥中，在 B、D 两端接上电源 E，根据基尔霍夫定律，当电桥的电阻 $R_1R_4=R_2R_3$ 时，A 与 C 两点的电位相等，输出端 A 与 C 之间没有电流流过。热敏电阻 R_1 的阻抗大小随周围温度的上升或下降而改变，使平衡受到破坏，A、C 之间有电流流过。因此，在构成温度继电器时，可以很容易地通过选择适当的热敏电阻来改变温度调节的范围和工作温度。

（6）压力继电器　压力继电器是由压力信号控制的电开关。压力继电器若按控制压力的高低分类，可分为高压继电器、中压继电器和低压继电器。

制冷系统中常使用的是高、低压继电器。

高压继电器的作用是对制冷压缩机进行高压保护，防止因冷凝器断水、水量供应严重不足、风冷冷凝器风扇不转、起动时排气管路上的阀门未打开、制冷剂灌注量过多、系统中不凝性气体过多等原因造成排气压力急剧上升而发生事故。当排气压力超过警戒值时，压力继电器立即切断压缩机电动机的电源，使压缩机保护性停机。

低压继电器可用来在小型制冷装置中对压缩机进行开机、停机控制，也可用来在大型制冷装置中控制卸载机构动作，以实施压缩机的能量调节。同时，低压继电器还可以起到防止压缩机吸气压力过低的保护作用。

在实际使用中对一台压缩机而言，往往既要高压保护，又要以吸气压力控制压缩机的正常开、停机。为了简化结构，常常将高压继电器与低压继电器做成一体，称为高低压力继电器。

1）FP 型压力继电器。图 3-9 所示为 FP 型压力继电器的结构。

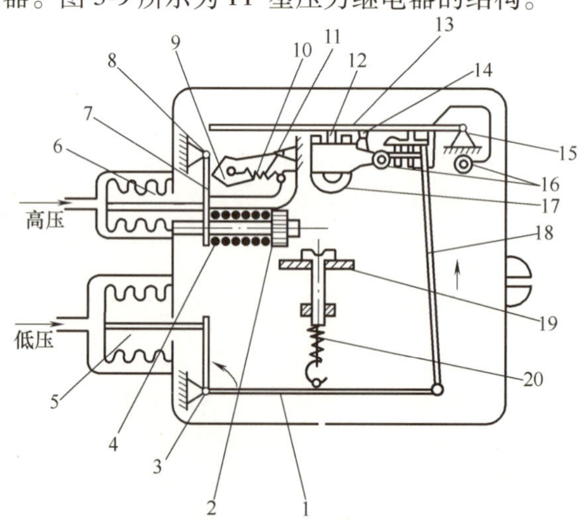

图 3-9　FP 型压力继电器的结构

1—直角杆　2—高压调节螺母　3—支点 A　4—高压弹簧　5—低压气箱　6—高压气箱　7—高压杠杆　8—支点 B　9—跳板　10—跳簧　11—支点 C　12—副触头　13—动触头板　14—主触头　15—转轴　16—接线柱　17—永磁铁　18—推杆　19—低压调节螺钉　20—低压弹簧

FP型压力继电器主要由低压部分、高压部分和触头部分三部分组成。高、低压气箱接口用毛细管分别与压缩机的吸、排气腔连接，吸、排气压力作用在波纹管外壁的气箱室中，产生两个顶力矩。它们分别与高、低压弹簧的张力矩和拉力矩在某一转角位置平衡，使动、静触头处于闭合状态。

FP型压力继电器的工作原理分为高压和低压两部分。

① 低压部分的工作原理：当压缩机的吸气压力下降到稍低于低压继电器的调定值时，低压弹簧的拉力矩大于低压气箱中吸气压力所产生的顶力矩，拉着推杆沿逆时针方向绕着支点A旋转，带着推杆向上移动，到推动动触头板时，使动触头与静触头分离而切断电源。当压缩机吸气压力上升到高于低压继电器的调定值时，低压气箱中的吸气压力所产生的顶力矩大于低压弹簧的拉力矩，推着推杆沿顺时针方向旋转，推杆往下移动接通电源，动触头板在永磁铁的吸力作用下，使动、静两触头迅速闭合（以防发生火花而烧毁触头）。

若要调节低压继电器的压力控制值（即切断电源的压力值），可旋转低压调节螺钉以调整低压弹簧的拉力矩，使之在顺时针旋转时能增加拉力矩，在逆时针旋转时能减小拉力矩。

低压继电器的差动值（即触头分与合时的压力差）由低压差动调节螺钉来调整。差动值的调整是通过调节推杆端部夹持器的直槽的空行程来实现的，空行程长则差动值大，反之差动值则小。低压差动调节螺钉每旋转一圈，差动值变化0.04MPa。

② 高压部分的工作原理：当压缩机的排气压力上升至略高于高压继电器的调定值时，高压气箱内的排气压力所产生的顶力矩大于高压弹簧的张力矩，便推动杠杆沿逆时针方向绕着支点B旋转，杠杆再推动跳簧向上拉，使跳板以支点C为支点，沿顺时针方向向上进行突跳式旋转，撞击动触头板使动、静触头分离而切断电源。当排气压力下降后，使动触头板复位，动、静触头便又闭合而接通电源。

若要调节高压继电器的压力控制值（即切断电源的压力值），可通过旋转高压调节螺母来调节高压弹簧的张力矩。当顺时针方向旋转高压调节螺母时，则增大高压弹簧的张力矩；反之，则减小高压弹簧的张力矩。可调节的压力控制值范围为0.6~1.4MPa或1.0~1.7MPa。触头通断的差动值为0.2~0.4MPa。要注意的是，FP型高低压力继电器的差动值是不能调节的。

2）KD型压力继电器。图3-10所示为KD型压力继电器的结构。KD型压力继电器主要分为低压、高压和接线三部分。它的高、低压气箱接口通过毛细管分别与压缩机的吸、排气腔连接，气箱受到压力后产生位移，在顶杆与弹簧张力的作用下，使传动杆直接推动微动开关。它与FP型不同的是省去了杠杆机构，高、低压部分用两只微动开关分别控制电路，因而较FP型结构更紧凑、调节更方便。

KD型压力继电器的工作原理：

① 低压部分的工作原理：当气箱内的吸气压力低于低压继电器的设定值时，弹簧的张力大于气箱的顶力，将传动杆向低压气箱的方向推，传动杆脱开微动开关的按钮，按钮在内部的弹力作用下弹出，使微动开关的触头分离而切断电源。而当压缩机的吸气压力回升至高于设定值时，气箱中的吸气压力所产生的顶力大于弹簧的张力，将传动杆反方向推动并将微动开关的按钮按下，使微动开关的触头闭合，电源又接通。

② 高压部分的工作原理：当气箱内的排气压力高于高压继电器的设定值时，弹簧的张力

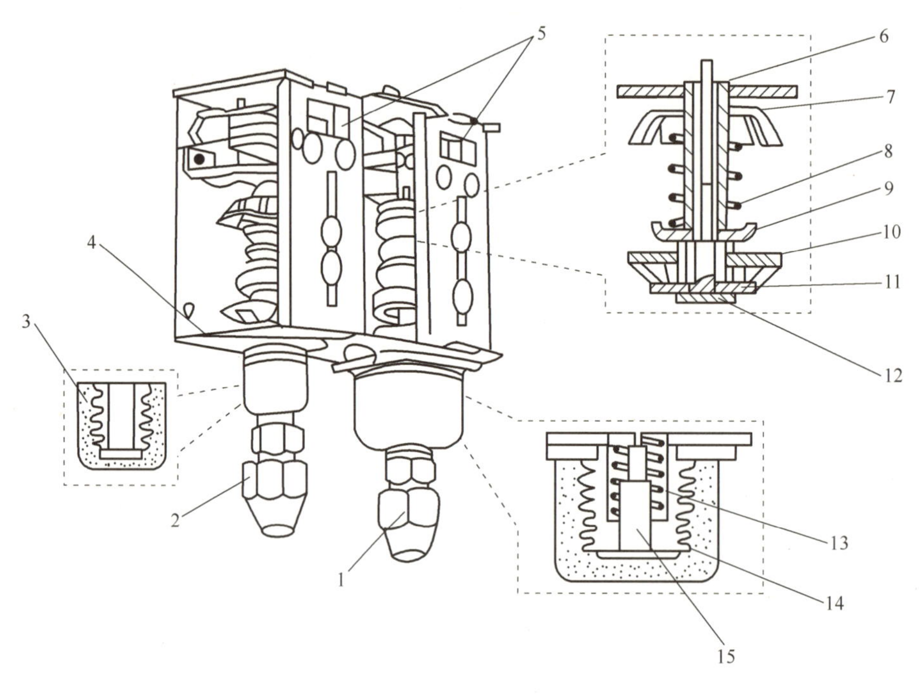

图 3-10　KD 型压力继电器的结构

1—低压接头　2—高压接头　3—高压气箱　4—压差调节座　5—微动开关　6—传动杆　7—压力调节盘　8—弹簧　9—弹簧座　10—压差调节盘　11—簧片垫板　12—碟形簧片　13—复位弹簧　14—低压气箱　15—顶力杠

小于气箱的顶力，气箱推动传动杆将微动开关的按钮按下，使开关内的触头分离，切断电源。而当压缩机的排气压力下降到设定值以下时，弹簧的张力大于气箱的顶力，传动杆反向移动而脱离微动开关的按钮，微动开关的触头闭合，电源又接通。

高、低压继电器的压力设定值可通过旋转各自的压力调节盘进行调节：顺时针转动为压紧弹簧，逆时针转动为放松弹簧。

压差调节盘可调节高、低压继电器各自的差动值：当顺时针旋转压差调节盘时，弹簧受到压缩差动值增加，反之则减少。

3）手动复位装置。压力继电器型号最后标有字母 S 的表示其有手动复位装置。当制冷系统高压超出设定值而使触头分离后，压缩机停机，制冷系统内很快会因高低压力平衡而使高压压力值迅速下降至设定范围内，使压力继电器复位。此时若无控制触头复位的装置，就会使压缩机在没有排除故障的条件下重新起动，然后又因故障而停机，如此反复频繁地停、开机很容易使电动机绕组烧毁。设有手动复位装置后，在压力继电器的高压部分微动开关的触头分离后，有一自锁装置使触头不能随系统内的压力平衡而复位，而是需要用手拨动或按下手动复位装置，触头才会闭合。因此，手动复位装置具有保护压缩机电动机的作用。

4）发展趋势。由于 KD 型压力继电器没有控制值分度指示，不便于使用中随时调试，因此，已逐渐被带有控制值分度指示的 YK306 型等 YK 系列压力继电器所取代。YK 系列压力继电器的内部结构和工作原理与 KD 型相似，在此就不作介绍了。

制冷系统使用的压力继电器出厂时，其高、低压力设定值已经调好，不需要在使用时再进行调整。如果在制冷装置运行中压缩机出现频繁开、停机现象，应检查制冷系统有无故障，并可在系统上安装高、低压压力表以检查高、低压压力有无超出正常范围。若没有超出，就可观察压力继电器的哪一部分动作，确定故障部位后再进行调节，修正设定值，以满足系统正常运行的参数要求。

（7）压差继电器（又称为压差控制器）　在制冷系统运行过程中，为了保证压缩机各运动摩擦部件能够得到良好的润滑，必须使润滑系统有一定的压力。如果压力过低，在压缩机运转或起动过程中就会因运动部件得不到良好的润滑而造成压缩机严重损坏。而在压缩机运转过程中，油压表所反映的压力并不是真正的润滑油压力，真正的润滑油压力应该是油压表指示的压力与压缩机吸气压力的差值。因此，确切地说，压差继电器可以使油泵排出压力与压缩机吸气压力的差值维持在一定范围内。当压缩机在运转过程中出现油泵排出压力与压缩机吸气压力的差值小于设定值时，压差继电器的微动开关就会动作，自动切断压缩机电动机的电路，使压缩机停机。

制冷系统使用的压差继电器的主要型号有 JC-3. 5 型和 MP-55 型，这两种压差继电器的结构、工作原理基本相同。下面就以 JC-3. 5 型压差继电器为例，介绍其工作原理。

图 3-11 所示为 JC-3. 5 型压差继电器的实物和内部结构。其工作原理是：工作时高压波纹管接压缩机润滑油泵的出口，低压波纹管接压缩机曲轴箱，两个波纹管所产生的压力差通过角形杠杆由主弹簧平衡。当压力差大于主弹簧的给定压力值时，压差开关的动触头 K 与静触头 DZ 闭合，使以下两条电路导通。一路自电源 L2 端引出的控制电路经 G、D、接触器线圈、接点 E、接线柱 X 及延时开关的静触头 X1、动触头 K1、接线柱 XS 及接点 F 回到电源 L1 端。此时，接触器线圈通电，触头闭合，电动机起动，压缩机也起动运转。与此同时，另一路经 L2、G、K、DZ、F、L1 接通，正常信号灯亮。

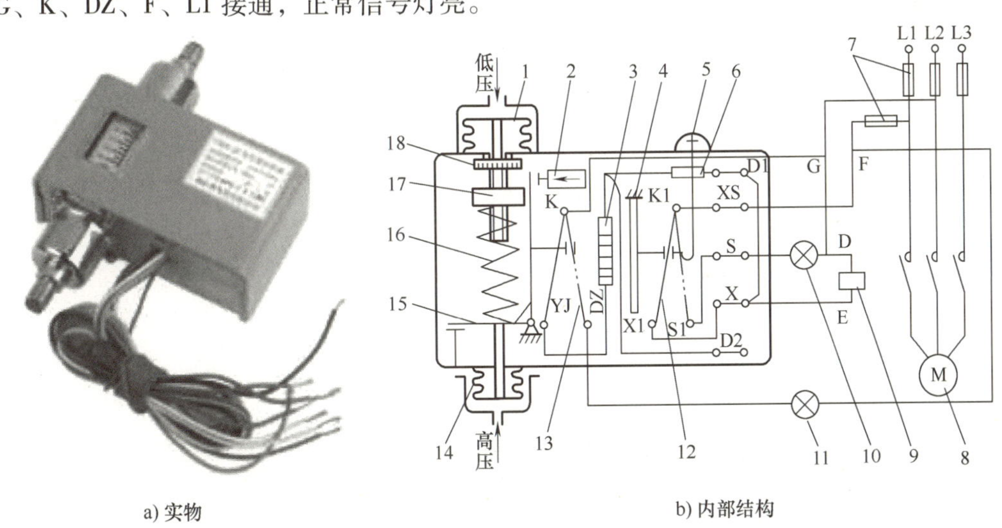

a) 实物　　b) 内部结构

图 3-11　JC-3. 5 型压差继电器的实物和内部结构

1—低压波纹管　2—试验按钮　3—电加热器　4—双金属片　5—复位按钮　6—降压电阻　7—熔断器　8—电动机　9—接触器线圈　10—事故信号灯　11—正常信号灯　12—延时开关　13—压差开关　14—高压波纹管　15—角形杠杆　16—主弹簧　17—弹簧座　18—压差调节螺钉

当压力差下降至小于给定压力值时，在主弹簧的作用下，角形杠杆逆时针偏转，使压差开关的动触头 K 与静触头 DZ 脱离而与 YJ 闭合，随即信号灯熄灭。与此同时，电流自 L2 端引出的电路经 G、K、YJ 至延时开关的电加热器，再经降压电阻和接点 D1、X、X1、K1、XS、F 回到电源 L1 端。此时，电加热器对双金属片进行加热。而自 L2 引出的另一路电流经 G、D、接触器线圈，以及接点 E、X、X1、K1、XS、F 回到电源 L1 端，此时压缩机仍在运转。当双金属片被加热 60s 后，即向右侧弯曲推动延时开关，使动触头 K1 与 X1 脱离。电路经 L2、G、D、S1、K1、XS、F、L1 导通，事故信号灯亮，压缩机停机，同时电加热器停止加热。

由于延时开关设有自锁装置，因此压差继电器不能自动复位再次起动压缩机。只有待故障排除后，按动复位按钮，使延时开关的动触头 K1 重新与 X1 闭合，接触器线圈通电，才能再次起动压缩机。

压差继电器中延时机构的作用是保证压缩机能在无油压的情况下正常起动，即给予压缩机从起动到建立正常油压 60s 的时间。若压缩机因故障在 60s 内仍不能建立正常油压，则压缩机随即停机进行强制保护，待查明故障原因、排除故障后再次重新起动压缩机。

需要注意的是：在压缩机起动时，在延时时间（60s）以内，虽然电流已对电加热器通电，双金属片已被加热，但因弯曲不足，延时开关尚未动作，因此，压缩机仍在运行，事故信号灯也不亮；但此时因压差开关已脱离触头 DZ 而又未与触头 YJ 相接触，所以此时正常信号灯也不会亮。

JC-3.5 型压差继电器正面装有试验按钮，用以检验延时机构的可靠性。检验时向左推动试验按钮，经 60s 后电路被切断，压缩机自动停机，说明延时机构工作正常。

安装和使用 JC-3.5 型压差继电器时，应注意的事项是：

1）高、低压波纹管应分别与油泵排出口及曲轴箱相接通，在接高、低压波纹管时一定要注意与油泵排出口及曲轴箱的接口，切勿接反。

2）在与制冷系统的电气线路连接时，必须根据工作电压、按线图连接。压差继电器出厂时均默认 380V 电源接线，若在实际接线中使用 220V 电源，必须将 D1 到 X 间的接线拆去，将 X 到 D2 接通，使降压电阻不起作用。

3）压差继电器接通电源后，必须按一下复位按钮才能正常工作，否则不能起动压缩机。

4）在延时机构工作一次后，要等待 5min，待电加热器全部冷却后才能恢复正常工作。

3.3.2 制冷系统电气控制系统的功能及故障检测要求和方法

1. 典型冷藏库电气控制系统

中小型冷藏库电脑控制典型电路如图 3-12 所示。

中小型冷藏库电脑控制典型电路的主要功能有：

（1）压缩机保护功能　为保证压缩机的运行安全，该电路有压缩机延时起动设计，确保压缩机在其他设备运行正常的情况下，才能起动运行。其延时时间的长短，由运行管理者自行调节。

（2）除霜控制功能　该电路设计有手动强制除霜和定时自动除霜功能，可由运行管理者自行设置或解除自动除霜程序。

自动除霜受库温和设定的除霜时间控制。当到达设定的除霜时间时，电脑检测库温，若此时库温达到设定的库温便开始进行除霜；若电脑检测到库温没有达到设定的库温，便不

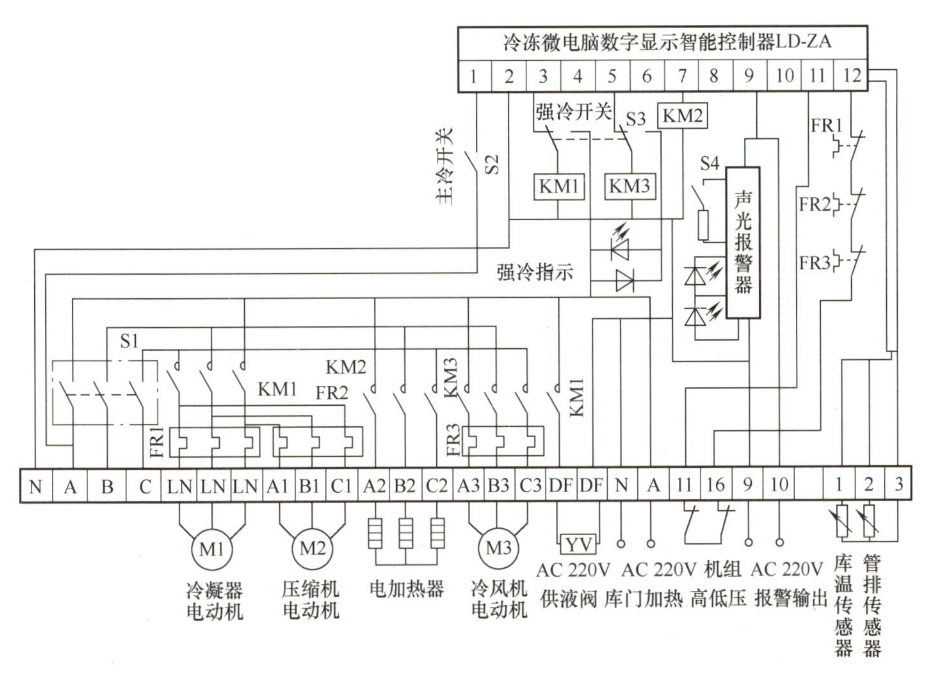

图 3-12　中小型冷藏库电脑控制典型电路

执行除霜指令，但此时电脑开始计时，当再运行 30min 库温还没达到设定的库温时，电脑便强制执行除霜指令，以防止冷风机蒸发器结霜过厚，造成“霜堵”故障。

（3）温度控制功能　温度控制范围为-4～40℃，温差控制范围为 1～6℃（可根据操作要求设定）。

（4）超温监视　该控制系统具有超温检测功能，设置好高温、低温设定值便可使用。

（5）库内蒸发器风扇控制　除霜时库内蒸发器风扇停止运转，除霜结束后，待蒸发器温度低于库温后库内蒸发器风扇重新起动运行。

（6）异常状态监视　该控制系统具有监视机组高低压参数是否异常等功能。

（7）显示器及指示灯　显示器为两位半数字显示，可显示负数，还可以进行异常显示等。具有多种指示灯，如高、低压异常报警灯、压缩机保护计时灯、机组正常运行指示灯、蒸发器风扇运行灯以及除霜提示灯。

（8）故障显示功能　该控制系统能显示故障类型和故障部位，一旦出现故障，会显示相应故障信号，以方便操作者检测判断故障及迅速排除故障。

2. 制冷系统电气控制系统故障检测的要求和方法

制冷系统电气控制系统故障检测与诊断的方式主要有以下几种：

（1）利用感官进行诊断　即利用眼看、耳听、手摸的方法进行故障的初步判断。

1）利用眼看诊断电气系统故障。如果电气设备出现问题，一般会冒出白、黑或黄色的烟。如果所冒的烟为白色，说明电气设备由于受潮出现了故障，白烟为受热之后出现的蒸汽，可以利用烘干除潮的方法进行故障处理；如果所冒的烟为黑色，一般情况下是由于电气设备受损，出现了设备绝缘烧坏的情况；如果所冒的烟为黄色，说明电气设备出现了过热的情况，因为电气设备的绝缘物块在炭化的过程中会出现黄烟。

2）利用耳听诊断电气系统故障。利用声音对电气故障进行检查是进行电气系统故障判断的方法之一。电气控制系统中，继电器的铁心周围有线圈的话在通电之后就会发出声音，如果发出的声音比较均匀且轻微，则说明电气设备工作正常；如果发出的声音比较强烈，并且一会大一会小，说明电流的变化比较急剧，电气设备就可能出现故障；如果发出的声音为“滋滋”的声音，则可能是出现了短路或者接触不良的情况；如果发出的声音为强有力的放电声，则说明电气设备中的带电元件可能出现了烧毁的情况。

3）利用手摸诊断电气系统故障。判断时，在确认电气设备外壳不漏电的情况下，将手放在制冷系统电气控制设备的外壳上，如果烫得厉害就说明电气设备表面的温度已经超过了50℃，而电气设备内部的温度一般要比表面高15℃左右，已经超过了电动机允许的60℃的范围。电气设备一旦出现过热就会加剧绝缘老化，进而缩短其使用寿命。

（2）短路与断路检测方法　即利用万用表对电路是否出现了断路、短路进行检测。

利用万用表电阻档对电路的短路情况进行检测：将万用表其中一支表笔连接压缩机电动机外壳，另一支表笔连接已断开电源的压缩机电动机的接线柱，按顺序逐个检测。如果出现导通现象，说明电动机有短路故障；若不导通，说明设备正常。

用万用表450V交流电压档检测交流接触器输出端之间的电压，电压在380V±38V范围内为正常，若测量值为零，说明电路存在断路故障，此时应对电路进行全面检查，找出故障位置。

（3）采用置换法进行电路故障判断　这种方法就是将认为已损坏的部件从控制系统中的配电柜上拆下，换上一个质量合格件代替怀疑有故障的部件进行工作，以此来判断该部件是否有故障的一种方法。判断时，在控制系统换上一个新部件后，查看该系统是否能正常工作：如果能正常工作，说明其他部件性能良好，故障在被置换件上；如果不能正常工作，则故障在其他部件上。

3.3.3　制冷系统电热除霜的工作原理

电热除霜也叫作全自动除霜。这种除霜方式主要用于冷藏库中翅片盘管式蒸发器的除霜。采用电热除霜的翅片盘管式蒸发器管道间隙中装有电加热器。电热除霜的原理是：需要进行除霜时，关闭制冷系统的出液阀后，按下除霜控制电路的按钮，使翅片盘管式蒸发器的风扇电动机与压缩机电动机都停止运转，并接通翅片盘管式蒸发器中电加热器的电源，开始进行电热除霜。当翅片盘管式蒸发器上的霜融化以后，且翅片盘管式蒸发器表面的温度达到13℃后，电路自动切断除霜电加热器的电源，同时接通翅片盘管式蒸发器的风扇电动机和压缩机电动机的电源，使风扇电动机和压缩机电动机起动运行。此时，要缓慢打开制冷系统的出液阀，并随着压缩机运转进入正常将其开至最大，恢复制冷系统正常运行。

电热除霜操作简便，自动化程度高，但耗电量较大，冷藏库内温度波动较大。

3.4　综合技能训练

技能训练1　热力膨胀阀的调整

热力膨胀阀的调整必须在制冷装置正常运行状态下进行。一般地，可以利用压缩机的吸

气压力作为蒸发器内的饱和压力，查表得到近似蒸发温度。同时用测温计测出回气管的温度，与蒸发温度对比来校核过热度。在调整过程中，如果过热度较小，则可顺时针方向转动调节杆（即增大弹簧力，减小热力膨胀阀开启度），使流量减小；反之，若过热度太大（即供液不足），则朝相反方向（逆时针）转动调节杆，使流量增大。由于实际工作中热力膨胀阀的感温系统存在着一定的热惰性，造成信号传递滞后，运行基本稳定后方可进行下一次调整。因此，整个调整过程中必须耐心细致，调节杆转动的圈数一次不宜过多过快。

热力膨胀阀调整的具体步骤是：

1）停止压缩机运行，将数字温度表的探头插到蒸发器回气口处（对应感温包位置）的保温层内，将压力表与压缩机低压阀的三通相连。

2）起动压缩机，待压缩机运行15min以上进入稳定运行状态后，使压力指示和温度显示达到稳定值。

3）读出数字温度表读数 T_1 与压力表测得压力所对应的温度 T_2，过热度为两读数之差，即为 $T_1 - T_2$。调整时要注意，必须同时读出这两个读数。热力膨胀阀的过热度应在5~8℃之间，如果不是，则应进行适当的调整。调整步骤是：首先拆下热力膨胀阀的防护盖，然后转动调节杆2~4圈，等系统运行稳定后重新读数，计算出过热度，看是否在正常范围内，不在的话，重复前面的操作直至过热度符合要求。调整过程必须小心仔细。

技能训练2　制冷系统的检漏

中小型制冷系统的检漏一般采用压力试漏、卤素检漏灯检漏、电子卤素检漏仪检漏及荧光检漏等方法。

1. 压力试漏

压力试漏一般采用氮气压力试漏方法。制冷系统维修后应进行气密性试验，压力要求是：对于R12制冷系统，其高压部分试验压力为1.6MPa，低压部分试验压力为1.05MPa；对于R22制冷系统，其高压部分试验压力为2.0MPa，低压部分试验压力为1.4MPa。

对维修时的制冷系统进行氮气气密性压力试漏可分两步进行。第一步，将压缩机高压截止阀多用孔道与氮气瓶之间用耐压管道连好，打开氮气瓶阀往系统中充入高压氮气直至表压达到0.8MPa左右，然后关闭系统的出液阀，继续向系统充高压氮气，直至表压达到1.3~1.5MPa，然后关闭氮气瓶阀。第二步，用肥皂水涂抹各连接、焊接和紧固等泄漏可疑部位（四周都涂），然后耐心等待10~30min，仔细观察，若发现欲检部位有不断扩大的气泡出现，即说明有泄漏存在，应予以堵漏。不过微量泄漏要仔细观察才能发现，开始时肥皂水中只有一个或几个针尖大小的小白点，过10~30min后才能长大为直径1~2mm的小气泡。

若接头在壳体内或有其他部件阻挡，不能观察到检漏接头的背后，可采用下面两种方法：一种是把一面小镜子放到接头背后从镜中观察；另一种是用手指把接头背后的肥皂水抹到前面来观察。

确认无泄漏后，记下高低压力表的数据，然后保压18~24h。在保压期间由于系统高低压段会受到环境温度变化影响，故允许压降为9.8~19.6kPa。24h后系统压降在允许范围可认为系统密封良好。

肥皂水是配合氮气对制冷系统进行检漏重要的辅助材料。制作肥皂水时要将肥皂切成薄片，浸泡在温热水中，使其溶为稠状肥皂水（也可用肥皂粉制作）。如果在肥皂水中放几滴甘油，则可以使肥皂水保持较长时间湿润，更有助于在整个检漏过程中保持其良好状态。

2. 卤素检漏灯检漏

卤素检漏灯是维修氟利昂冷库制冷系统时最常用的简便有效的检漏工具。使用卤素检漏灯检漏时，当氟利昂被吸入卤素检漏灯时，卤素检漏灯的火焰即变成紫罗兰色或深蓝色，甚至火焰熄灭。因此，观察卤素检漏灯火焰的色变即可判断系统有无泄漏，并可据此准确确定泄漏部位。

制冷剂密度比空气大，因此卤素检漏灯的橡胶管进气口应朝上，才能接收制冷剂。进气口放在被测部位至少 10s 以上。

3. 电子卤素检漏仪检漏

使用电子卤素检漏仪对维修后的氟利昂制冷系统进行检漏时，要将其探口在被检管道接口、阀门等处移动，若有氟利昂制冷剂泄漏，电子卤素检漏仪即可自动报警。用电子卤素检漏仪进行检漏的操作方法是：电子卤素检漏仪探口的移动速度不要大于 50mm/s，被检部位与探口之间的距离应为 3~5mm。由于电子卤素检漏仪的灵敏度很高，所以不能在有卤素物质或其他烟雾污染的环境中使用。

4. 荧光检漏

荧光检漏方法对维修后制冷剂系统的检漏非常有效，其原理是利用荧光剂在黑光灯照射下发出黄绿光的原理进行检漏。

首先，将一定量的荧光剂加注到要检测的制冷系统中，开机使制冷系统运行 20min，以便荧光剂与制冷系统内的制冷剂充分混合，并迅速渗透到所有的泄漏点处。然后，戴上专用眼镜，打开黑光灯并照射检查，当看到制冷系统某处发出黄绿光时，该处即为泄漏点。这种检漏方法操作起来比较简便。

荧光检漏方法与传统的压力检漏、电子卤素检漏仪检漏方法相比具有如下特点：

1）可以用于不同种制冷剂制冷系统的检漏。

2）操作方便。使用专用的加注工具可将荧光剂方便准确地加注到制冷系统中。

3）泄漏点定位准确。可用黑光灯一次性找出制冷系统中的所有泄漏点。

4）长期有效。荧光剂可长期存在于制冷系统内部，便于随时进行泄漏点检查，及时发现制冷系统的泄漏问题，有利于制冷系统的长期安全运行。

技能训练 3　制冷系统制冷剂的充注

维修后的中小冷库制冷系统在充注制冷剂之前，必须先经过全系统的气密性试验，确认合格之后才能够进行抽真空和充注制冷剂的操作。向制冷系统充注制冷剂，可分为充注液态制冷剂和充注气态制冷剂。

1. 充注液态制冷剂

向维修后的制冷系统充注液态制冷剂的操作方法是：在制冷系统的贮液器与膨胀阀间专门设置的充注阀上进行液态制冷剂充注。充注时，先备好制冷剂钢瓶，并将钢瓶倾斜倒置于台秤（俗称磅秤）上，记下重量。使用 $\phi6\times1$mm 纯铜管和专制的螺纹接头，一头接在钢瓶接头上，另一头接在充制冷剂阀（或吸入阀的多用通道）的接头上（暂不旋紧）。为了防止钢瓶

内制冷剂中的水分和污物进入系统，在充注制冷剂时，管路中应加装干燥-过滤器，使制冷剂进入系统前先被过滤干燥。然后稍开钢瓶阀，放出少许制冷剂将接管中的空气排出，随即旋紧管接头。

至此，充注准备工作就绪，可开始充注。先开启冷凝器水阀，起动压缩机，并逐步开启充制冷剂阀及钢瓶阀，这时制冷剂将不断被压缩机吸入。为了迅速充注，在此过程中可将贮液器出液阀关闭，使被吸入的制冷剂贮存于贮液器中。根据系统所需制冷剂量，随时注意台秤的减重量或贮液器内制冷剂的液位和压缩机吸、排气压力的变化。一般在充注制冷剂过程中，应使压缩机吸气表压力保持在0.1~0.2MPa。待充注量达到要求后，关闭充制冷剂阀，然后再开启贮液器出液阀，让压缩机继续运转一段时间，观察系统的制冷剂量是否合适，若发现不足再继续充注。在充注过程中宁可多充几次，也不要一次充注过量。制冷剂充注达到要求后，即可关闭钢瓶阀，待吸气表压力接近0MPa时，关闭充制冷剂阀，开启贮液器出液阀，拆去制冷剂接管及钢瓶。

2. 充注气态制冷剂

向维修后的中小冷库制冷系统充注气态制冷剂时，一般从压缩机低压端进行充注。其操作方法是：充注时要先准备一个台秤，将制冷剂钢瓶正放在台秤上，并记录重量。将加注管的一头接于钢瓶的瓶阀上，另一头接到压缩机吸入阀的多用通道上。充注前应先把加注管内空气排净。制冷剂是以湿蒸气形式充入的，所以打开钢瓶阀时开启度要适当，以防压缩机发生液击。充注前若系统内呈真空状况，则钢瓶内的制冷剂就会自动注入系统，待系统内压力与钢瓶内压力平衡时，制冷剂就停止注入。这时若系统内制冷剂量还未加足，则可先关闭钢瓶阀、贮液器出口阀、手动膨胀阀和压缩机的吸入阀，起动冷凝器的冷却水泵，然后起动压缩机。为了防止发生液击，应慢慢开启吸入阀，把系统内的制冷剂抽入贮液器，系统低压部分又被抽成真空，然后打开钢瓶阀，让制冷剂再次自动注入系统。如此反复进行，直至加足系统所需的制冷剂量。当充注到满足要求时，马上关闭钢瓶阀，然后让加注管中残留的制冷剂尽可能被吸入系统，最后关闭多用通道，停止压缩机运行，充注制冷剂工作基本结束。这种方法充注速度较慢，适用于在系统制冷剂不足而需要补充的情况下采用。

技能训练4　制冷压缩机油温异常的处理

活塞式制冷压缩机油温过高，会加速冷冻机油的结焦、炭化，导致过滤网堵塞、流动性降低，还可能导致压缩机活塞卡缸、抱轴等严重后果。

制冷系统在运行过程中油温过高的原因及处理方法如下：

1）轴与瓦装配不适当，导致间隙太小。处理方法是调整轴瓦装配间隙的大小，使间隙符合标准要求即可。

2）压缩机润滑油中含有杂质，导致轴瓦拉毛。处理方法是将拉毛轴瓦刮平，并重新更换新油即可；若瓦片拉毛严重，应更换新的瓦片。

3）轴封摩擦环安装过紧或是摩擦环拉毛。处理方法是重新调整轴封摩擦环；若摩擦环拉毛严重，要更换新的摩擦环。

4）压缩机的吸、排气温度过高。处理方法是将系统的供液阀进行适当调整，使吸、排气温度恢复正常。

3.5 技能大师高招绝活

3.5.1 利用压力控制法补充润滑油

1. 用强制压入法对压缩机补充冷冻润滑油的工作原理

在注油管压力比曲轴箱油面压力（低压压力）高的条件下，将润滑油强行注入曲轴箱。整个过程要借助补油器来完成。注油管连接于补油器和曲轴箱之间，而补油器中的压力一般来自油泵或压缩机的排气端。

2. 用强制压入法对压缩机补充冷冻润滑油的操作方法

补油器初次使用时，要利用压缩机的低压制冷剂蒸气来驱赶补油器中的空气，空气驱赶干净后，方可向补油器中灌入符合要求的润滑油。必须向压缩机曲轴箱补油时，只要打开连接在压缩机排气端上和注油管上的阀门，就可利用压缩机的排气压力强行将润滑油压入曲轴箱，当油位上升至规定位置时关阀。

3.5.2 利用压力控制法补充制冷剂

向维修中的中小型制冷系统补充气态制冷剂时，一般从压缩机低压端进行充注。其操作方法是：充注时将加注管的一头接于钢瓶的瓶阀上，另一头接到压缩机吸入阀的多用通道上。充注前应先把加注管内的空气排净。起动制冷系统运行后，要密切观察压缩机低压压力表的变化。制冷剂是以湿蒸气形式充入的，为了防止压缩机发生液击故障，打开钢瓶阀时动作应缓慢，钢瓶阀开启度要适当，以防压缩机发生液击。当低压压力表的值达到运行要求时，关闭钢瓶阀，然后让接管中残留的制冷剂尽可能被吸入系统，最后关闭多用通道，停止压缩机运行，充注制冷剂工作基本结束。这种方法充注速度较慢，适用于在系统制冷剂不足而需要补充的情况下采用。

3.5.3 利用压缩机自身抽真空的方法检查密封性能

活塞式压缩机维修后，利用压缩机自身抽真空的方式检查压缩机密封性能的操作方法是：先关闭压缩机吸气阀与制冷系统的连接通道，并在其多用通道上安装一块低压压力表，在高压排气阀多用孔道上装一根输气管连通大气。

瞬时起动压缩机，并逐步关闭排气阀与制冷系统的连接通道，让空气从多用通道排出，待吸入压力降至600mmHg（1mmHg = 133.322Pa）真空度时，把高压排气阀多用孔道上的输气管的另一端放入润滑油中，可根据输气管排出气泡的多少判断压缩机的密封性能。如果看到气泡长时间不停排出，则说明压缩机达不到真空。此时，可停机观察低压压力的回升情况。如果停机后低压压力微有回升，并在数分钟内即稳定在某一真空状态，且连续数小时不再回升，则说明压缩机本身密封性能良好，运转时的气泡是由压缩机“内漏”（即阀片不严密）造成的。反之，若停机后低压压力持续回升，以至接近大气压力，则说明压缩机有“外漏”，即压缩机本身密封性能不好。

3.5.4　在不停机状态下向压缩机补充润滑油

维修时在不停机状态下向压缩机补充润滑油的具体操作步骤是：

1）在压缩机正常运转时，把油三通阀置于运转位置（阀芯应退足），旋下外通道螺塞接上加油管，加油管通至盛油容器。盛油容器的油面应高于曲轴箱的油面。

2）关小压缩机的吸气阀，使曲轴箱压力（即低压值）略高于0MPa。将油三通阀的阀芯向前（右）旋转少许，置于放油位置，让曲轴箱内的油流出，赶走加油管内的空气，然后迅速将阀芯向前（右）旋至极限位置，处于装油位置，盛油容器内的油就被油泵吸入。

3）待油加至要求油位时，把油三通阀转至运转位置，然后拆下油管，并把装置调整在正常的运转工况。

3.5.5　维修时通过感觉判断“排空”效果

维修时想通过感觉判断制冷系统中空气的排除效果，可以这样做：在放气时，用手背感觉气流的温度，若感觉是冷风就继续放，如果有发凉的感觉，说明有制冷剂跑出，表明放掉的已是制冷剂，可结束放气。

通过感觉判断制冷系统中空气的排除效果时需要注意的是，氟利昂冷凝器放空气时，放出的往往是过热气体，不一定会有凉的感觉。因此，准备进行氟利昂系统放空气时，应首先对系统是否有空气做出明确判断，确有空气时才进行放空气，否则就会浪费氟利昂。

3.5.6　维修时把系统中残留的油污与杂质吹净

制冷系统经过安装或维修后，其内部难免有焊渣、铁锈、氧化皮等杂质留在系统内，如果不清除干净，在制冷装置运行时，会使阀门阀芯受损；若经过气缸，会使气缸的镜面“拉毛”；若经过膨胀阀、毛细管和过滤器等处，还会发生堵塞；若污物与制冷剂、润滑油发生化学反应，还会导致腐蚀。因此，在制冷装置试运转前必须对系统进行仔细的吹污清洁。

对冷库制冷系统进行吹污时要将制冷系统的所有与大气相通的阀门都关闭，不与大气相通的阀门全部开启。

制冷系统吹污的操作步骤是：

第一步：将压缩机高压截止阀的备用孔道与氮气瓶之间用耐压管道连好，把干燥-过滤器从系统上拆下，打开氮气瓶阀，用0.6MPa表压力的氮气充入系统的高压段，待充压至0.6MPa表压力后，停止充气。然后将木塞迅速拔去，利用高速气流将系统中的污物排出，并将一张白纸放在出气口检测有无污物。若白纸上较清洁，表明已无污物随气体冲出，可停止吹污。

第二步：将压缩机低压截止阀的备用孔道与氮气瓶之间用耐压管道连好，仍用干燥-过滤器接口为检测口，打开氮气瓶阀，用0.6MPa表压力的氮气充入系统的低压段，仍将白纸放在出气口检测有无污物。确认无污物后，吹污过程结束。

在制冷系统全面检修时，也需要将系统中残留的油污、杂质等吹除干净。为了使油污溶解，便于排出制冷系统的管道，对制冷系统进行残存油污、杂质等的吹除时，可将适量的三氯乙烯灌入制冷系统，过4h后，待油污溶解，再用压力为0.5~0.6MPa的压缩空气或氮气按

吹污操作步骤进行吹污。由于三氯乙烯对人体有害，因此，使用三氯乙烯吹污时要注意室内通风，并要适当远离排污口。

1. 活塞式制冷压缩机无法正常起动如何处理？
2. 活塞式制冷压缩机加载过程中能量调节机构失灵如何检修？
3. 活塞式制冷压缩机运行中油压异常如何处理？
4. 氨泵正常运行中突然停泵如何检修？
5. 如何判断制冷系统是脏堵还是冰堵了？
6. 交流接触器是如何工作的？
7. 热继电器的作用是什么？
8. WTZK 系列温度继电器的工作原理是什么？
9. WTQK 系列温度继电器的工作原理是什么？
10. 惠斯通电桥的控制原理是什么？
11. 压力继电器是如何实现高、低压控制的？
12. 压差继电器延时机构的作用是什么？
13. 电脑控制的制冷系统控制电路主要有哪些功能？
14. 制冷系统电气控制系统故障检测与诊断的方式有哪些？
15. 制冷系统压力试漏如何操作？
16. 向制冷系统充注液态制冷剂时如何操作？
17. 活塞式制冷压缩机自身抽真空检查密封性能如何操作？
18. 在不停机状态下如何向压缩机补充润滑油？

项目 4

制冷系统的维护保养

4.1 活塞式制冷压缩机的维护保养

4.1.1 活塞式制冷压缩机吸、排气阀的结构与组装

活塞式制冷压缩机主要由气缸套、外阀座、内阀座、进排气阀片、阀盖及缓冲弹簧等组成。外阀座对吸气阀片有升高限位作用，并与内阀座共同组成排气阀座。阀盖对排气阀片有升高限位作用，同时也可以防止液击造成气缸破损。进排气阀片多采用簧片式，有舌形、半月形和条形弹簧片等形式。气阀是控制气缸依次进行压缩、排气、膨胀、吸气的控制机构，其性能的好坏直接影响压缩机的制冷量、功耗和运转可靠性。

1. 活塞式制冷压缩机吸、排气阀的结构

图 4-1 所示为典型活塞式制冷压缩机吸、排气阀的结构。它由阀座、阀片、升程限制器、气阀弹簧等组成。它的开启和关闭主要靠阀片两侧的压力差来实现，因此，这种阀又称为自动阀。

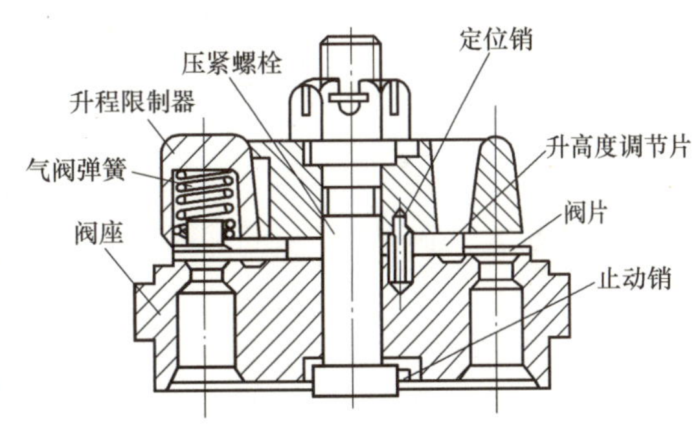

图 4-1 典型活塞式制冷压缩机的吸、排气阀的结构

气阀按其作用不同，分为排气阀和吸气阀。排气阀的阀座分为内、外阀座两部分。外阀座用螺钉与气缸套一起固定在机体上，而内阀座用螺钉和假盖固定在一起。排气阀的两条密封线分别做在内、外阀座上，排气阀片上压有数个阀片弹簧，它的升程限制器就是假盖。吸气阀的阀座是做在气缸套的凸缘上形成的两圈凸出宽度为 1.5mm 左右的密封面，又称为阀线。

阀线之间有一环形凹槽，槽中有均布的吸气孔与吸气腔相通。吸气阀片也压有阀片弹簧。排气外阀座的下端面就是吸气阀的升程限制器。因为吸、排气压力不同，吸、排气阀片弹簧的弹力也不同，装配时应注意区分。阀片弹簧呈锥形，大头装到弹簧座中（应旋转安装）。

2. 活塞式制冷压缩机吸、排气阀的检查与组装

（1）吸、排气阀的检查　装前检查阀片、阀座、升程限制器、气阀弹簧、压紧螺栓等零件，不得有毛刺、划痕、裂纹、翘曲等缺陷；涂色检查阀片和阀座的接触面，应贴合紧密，其翘曲度一般不应超过 0.03mm，若接触不佳，应将阀片放在该阀座上进行研磨；对气阀弹簧用手试验弹力时，在同一组气阀中的气阀弹簧弹力应一致；对所有待装零件用煤油清洗并擦干净，不得带进任何异物。

（2）吸、排气阀的组装

1）将阀座平装在专用夹具上，限制阀座的转动，将阀片放于阀座的正确位置上。环状阀阀片的平面度应符合规定。

2）每一个阀片与缓冲槽的配合，应符合技术手册的规定。安装时，应保证阀片自由地落入缓冲槽，并沿槽圆周方向转动灵活；缓冲槽深度最好大于阀片厚度，以获得更好的缓冲效果。阀片本应放在处于自由状态的弹簧上，但当阀片未进入缓冲槽时，组合气阀较困难，为此，可用几块厚2mm的铜片顺气阀半径方向放置，将阀片先压入缓冲槽内，待阀座与升程限制器合拢后将铜片抽出。

3）气阀组装前应检查气阀弹簧，若有损坏应全部换新，以免弹簧的弹力不均匀而使阀片密封不严。气阀组装时，弹簧按升程限制器弹簧孔的位置放在阀片上，然后将升程限制器装入螺栓内并对准弹簧，不得歪斜，然后旋紧螺母。

4）气阀组装后，阀片、弹簧运动时应无卡住和偏斜现象；气阀开启高度一般为2.2~2.6mm。

5）气阀组装好以后，应用煤油进行气密性试验，5min内不应有连续的滴状渗漏，且其滴数不超过技术手册中的规定。

6）气阀中心连接螺栓及螺母拧紧后，应做好防松措施。

7）气阀组合件在压缩机空载试运行之前可不装入，只将阀盖装上以防溅油即可。

4.1.2 活塞式制冷压缩机油过滤器的结构与堵塞后的清洗

1. 活塞式制冷压缩机的润滑系统

经典的活塞式制冷压缩机的油路流向：曲轴箱中的润滑油经过装在曲轴箱底部的滤网式油过滤器和三通阀后被油泵吸入，提高压力后，经滤油器滤去杂质后分成两路。一路去往后主轴承座润滑主轴颈，并通过主轴颈内的油道去往相邻的一个曲柄销润滑该曲柄销上的连杆大头轴瓦，再通过连杆体中的油孔输送到连杆小头衬套，润滑活塞销。这一路在后轴承座上设有油压调节阀，一部分油经过油压调节阀旁通流回曲轴箱。另一路进入轴封箱润滑和冷却轴封摩擦面并形成油封，然后进入前主轴承润滑主轴颈及相邻曲柄销；此外，再从轴封箱引出一路，供给卸载装置的油分配阀，作为能量调节机构的液压动力。

制冷压缩机中的油过滤器有粗过渡器和精过滤器两种。它的作用是滤去润滑油中的金属屑、型砂、机械杂质等，防止它们进入摩擦表面，造成磨损加剧。

粗过滤器通常做成网式，装在曲轴箱油池内。

精过滤器大多采用金属片缝隙式，也可使用羊毛毡作为过滤材料等。

2. 油过滤器堵塞后的清洗

（1）用溶剂清洗　常用溶剂有三氯乙烯、油漆稀释剂、甲苯、汽油和四氯化碳等。这些溶剂有的易燃，有的有一定毒性，清洗时应充分注意。

（2）用机械及物理方法清洗

1）用毛刷清扫：应采用柔软毛刷除去滤芯的污垢，过硬的钢丝刷会将网式、线隙式的滤芯损坏。此法通常与溶剂清洗相结合。

2）用压缩空气吹：用压缩空气在滤垢积层反面吹出积垢，采用脉动气流效果更好。

4.1.3　真空泵的结构与使用方法

1. 真空泵的结构

制冷工程中，常用的是 2XZ 型旋片式真空泵，它是双级直联结构的旋片式真空泵。它有偏心地装在泵身腔内的转子，以及转子槽内的两旋片。转子带动旋片旋转时，旋片借离心力和旋片弹簧的弹力紧贴腔壁，把进、排气口分隔开来，并使进气腔容积周期性地扩大而吸气，排气腔容积则周期性地缩小而压缩气体，借压缩气体压力和油推开排气阀排气，从而获得真空。2XZ 型旋片式真空泵如图 4-2 所示，其结构如图 4-3 所示。

图 4-2　2XZ 型旋片式真空泵

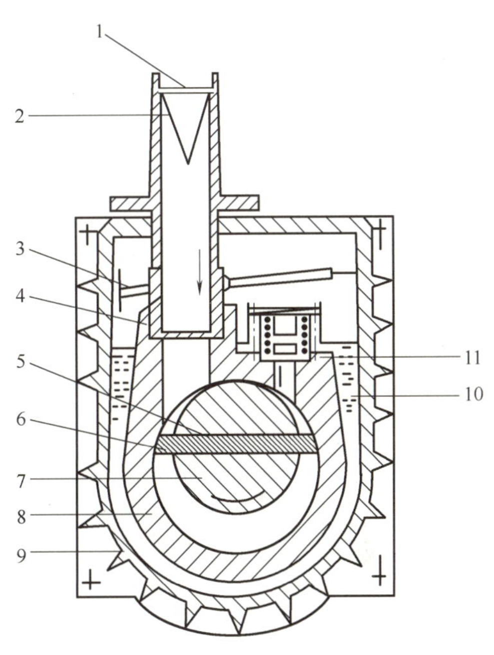

图 4-3　2XZ 型旋片式真空泵的结构

1—进气嘴　2—滤网　3—挡油板　4—进气嘴 O 形圈
5—旋片弹簧　6—旋片　7—转子　8—定子
9—油箱　10—真空泵箱　11—排气阀片

2XZ 型真空泵装有气镇阀，其作用是向排气腔充入一定量空气，以降低排气压力中的蒸汽分压，当其低于泵温下的饱和蒸气压时，蒸、汽即可随充入的空气排出泵外，避免蒸汽凝结在泵油中（防止泵油混水），延长泵油使用时间。但气镇阀打开时，极限真空将有所下降，温升也有所提高。

2. 真空泵的使用方法

（1）拆卸

1）放油。

2）松开进气嘴压板螺钉，拔出进气嘴；松开气镇阀螺钉，拔出气镇阀。

3）拆下油箱。

4）拆除止回阀开口销，拆下止回阀叶轮。

5）拆除支座与泵身的连接螺钉，拆下泵部的零件。

6）松开前后盖螺钉，拆下前、后泵盖。拔出两转子、旋片及弹簧。

7）清洗、检查、修整各零件。

（2）装配

1）擦净零件，疏通油孔。

2）把旋片及弹簧装入高级转子槽后，把高级转子装入泵身内，装上高级泵盖、销、螺钉、键、轴套等，用手旋转，应无滞阻和明显轻重。

3）低级转子装配同上。

4）装上止回阀、叶轮等部件，应使止回阀头平面对准进油嘴油孔，用手轻轻挡住叶轮并旋转转子，油孔应时开时闭，调整阀头平面最大开启高度（在0.8~1.2mm之间为宜）。

5）装上泵部的排气阀、挡油板等零件。

6）把泵部件、键、轴套（或软接器）、电动机装在支座上。

7）装油箱。

8）插入进气嘴、气镇阀，装上压板后用螺钉紧固。

（3）故障及其消除

1）极限真空不高

① 油箱里存油少，油位太低，不能对排气阀起油封作用，有较大排气声。可加入清洁的真空泵油至油标中心。

② 泵油为可凝性蒸气所污染，真空度下降。可开气镇阀净化或更换新油。

③ 泵口外接管道、容器测试仪表管道，发现接头等漏气，且漏气严重时有大的排气声，但排气口有气排出。应找出漏气部位进行消除。

④ 进气嘴或气镇阀橡胶密封圈装配不当、损坏或老化。应调整或更换。

⑤ 进气嘴油孔堵塞，真空度下降。可先放油，然后拆下油箱，松开油嘴压板，拔出进油嘴，疏通油孔。

⑥ 真空系统（包括容器、管道等）严重污染。应清洗。

⑦ 旋片弹簧折断。应调换弹簧。

⑧ 旋片、泵身或铜衬磨损，间隙过大。应检查、维修或调换。

⑨ 泵温过高，不但使油黏度下降，饱和蒸气压升高，还可能造成泵油裂解。应改善通气和冷却，如果所抽气体温度太高，应预先冷却后再送入泵内。

2）喷油

① 泵内存油量过多，油位过高。可放出多余的油。

② 减雾器中有泵油或杂物。应先检查或清除。

③ 挡油板位置不正确。应将其位置放正确并固定牢固。

3）漏油

① 查看放油螺塞、油箱垫片是否损坏、装配不当或压平，螺钉是否拧紧。

② 油标是否拧紧，有机玻璃有无过热变形。如果有上述情况，应调整或更换。

③ 泵身部件与支座连接垫片未垫好，螺钉未拧紧。应检查调整。

④ 油封装配不当或磨损。可调换。

4）噪声

① 旋片弹簧折断。可调换弹簧。

② 有毛刺、脏物或变形，运转发生障碍。应检查并修磨或清洗。

③ 轴承磨损，零件磨损。应修整或更换。

④ 电动机故障。应检查。

5）返油

① 止回阀未关好，停泵后，油位很快下降。可再开再停观察变化或拆开检查。

② 两泵盖内油封装配不当或磨损。可调换。

③ 泵盖或泵身平面不平整。可修整。

④ 排气阀片损坏。可调换。

4.1.4　联轴器的结构与找正方法

1. 联轴器的结构

联轴器是指联接两轴或轴与回转件，在传递运动和动力过程中一同回转，在正常情况下不脱开的一种装置。它有时也作为一种安全装置用来防止被联接机件承受过大的载荷，起到过载保护的作用。

联轴器还可用于补偿两轴之间由于制造安装不精确、工作时的变形或热膨胀等原因所发生的偏移（包括轴向偏移、径向偏移、角偏移或综合偏移等），以及缓冲和减振。

常用的联轴器大多已标准化或规格化，一般情况下只需要正确选择联轴器的类型、确定联轴器的型号及尺寸，必要时可对其易损的薄弱环节进行负荷能力的校核计算，转速高时还需验算其外缘的离心力和弹性元件的变形、进行平衡校验等。

联轴器可分为刚性联轴器和挠性联轴器两大类。

刚性联轴器不具有缓冲性和补偿两轴线相对位移的能力，故安装时要求两轴严格对中。但此类联轴器结构简单，制造成本较低，装拆、维护方便，能保证两轴有较高的对中性，传递转矩较大，应用广泛。常用的刚性联轴器有凸缘联轴器、套筒联轴器和夹壳联轴器等。图4-4所示为有对中环的凸缘联轴器。

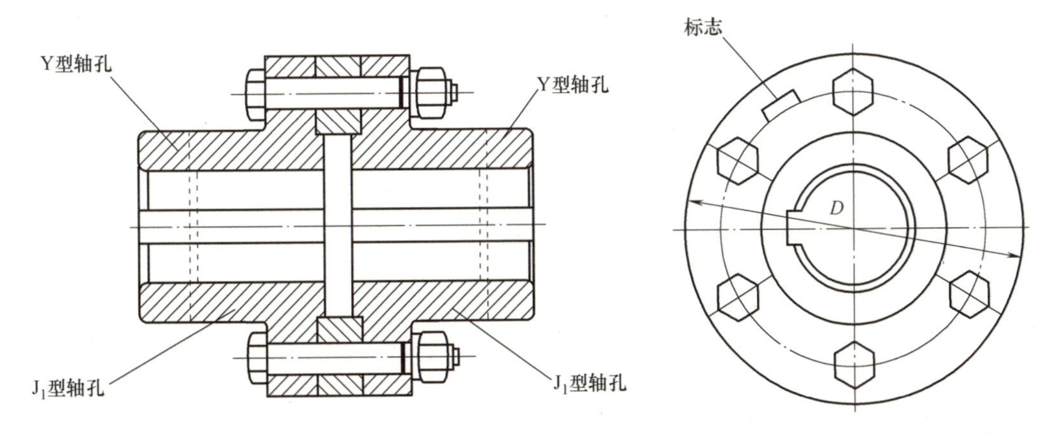

图4-4　有对中环的凸缘联轴器

挠性联轴器又可分为无弹性元件挠性联轴器和有弹性元件挠性联轴器。前一类只具有补偿两轴线相对位移的能力，但不能缓冲和减振，常见的有滑块联轴器、齿式联轴器、万向联轴器和链条联轴器等；后一类因含有弹性元件，除具有补偿两轴线相对位移的能力外，还具有缓冲和减振作用，但传递的转矩因受到弹性元件强度的限制，一般不及无弹性元件挠性联轴器，常见的有弹性套柱销联轴器、弹性柱销联轴器、弹性柱销齿式联轴器等。图 4-5 所示为弹性柱销联轴器。

根据不同的工作情况，联轴器需具备以下性能：

1）可移性。联轴器的可移性是指补偿两回转件相对位移的能力。被连接件间的制造和安装误差、运转中的温度变化和受载变形等因素，都对可移性提出了要求。可移性能补偿或缓解由于回转件间的相对位移造成的轴、轴承、联轴器及其他零部件之间的附加载荷。

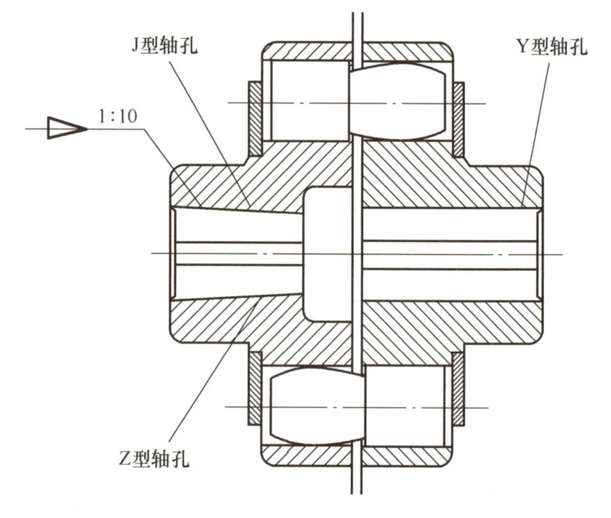

图 4-5　弹性柱销联轴器

2）缓冲性。对于经常负载起动或工作载荷变化的场合，联轴器中需具有起缓冲、减振作用的弹性元件，以保护原动机和工作机少受或不受损伤。

3）安全、可靠，具有足够的强度和使用寿命。

4）结构简单，装拆、维护方便。

2. 联轴器的找正方法

联轴器的找正是电动机安装的重要工作之一。找正的目的是在电动机工作时使主动轴和从动轴的中心线在同一直线上。找正的精度关系到机器是否能正常运转，对高速运转的机器尤其重要。

两轴绝对准确对中是难以达到的，对连续运转的机器要求始终保持准确对中就更困难了。各零部件的不均匀热膨胀、轴的挠曲、轴承的不均匀磨损、机器产生的位移及基础的不均匀下沉等，都是造成不易保持轴对中的原因。因此，在设计机器时规定两轴中心线有一个允许偏差值，这也是安装联轴器时所需要的。从装配角度讲，只要能保证联轴器安全可靠地传递转矩，两轴中心线允许的偏差值越大，安装时越容易达到要求。但是从安装质量角度讲，两轴中心线偏差越小，对中越精确，机器的运转情况越好，使用寿命越长。所以，不能把联轴器安装时两轴对中的允许偏差看成安装者草率施工所留的余量。

（1）联轴器找正时两轴偏移情况的分析　电动机安装时，联轴器在轴向和径向会出现偏差或倾斜，可能出现四种情况，如图 4-6 所示。

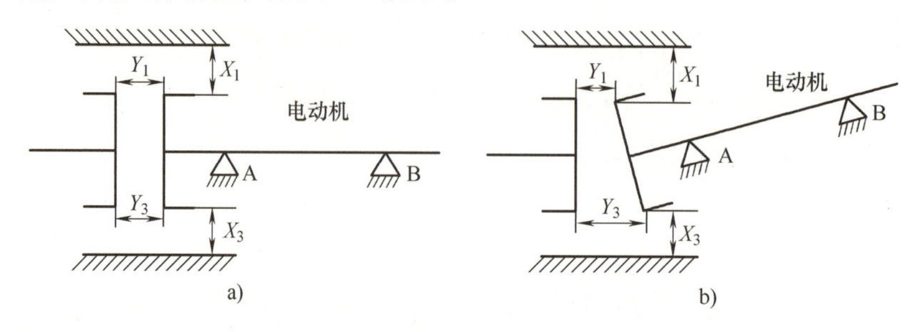

图 4-6　联轴器在轴向和径向出现偏差或倾斜的四种情况

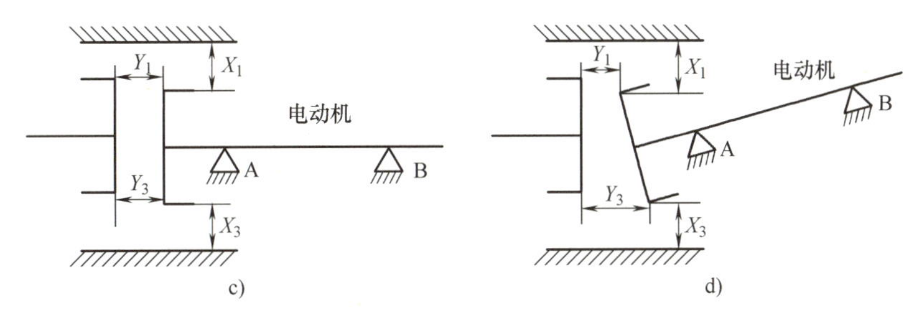

图 4-6　联轴器在轴向和径向出现偏差或倾斜的四种情况（续）

根据图 4-6 所示对主动轴和从动轴相对位置的分析见表 4-1。

表 4-1　主动轴和从动轴相对位置的分析

图 4-6a	图 4-6b	图 4-6c	图 4-6d
$X_1=X_3$ 两轴同心	$X_1=X_3$ 两轴同心	$X_1 \neq X_3$ 两轴不同心	$X_1 \neq X_3$ 两轴不同心
$Y_1=Y_3$ 两轴平行	$Y_1 \neq Y_3$ 两轴不平行	$Y_1=Y_3$ 两轴平行	$Y_1 \neq Y_3$ 两轴不平行

（2）测量方法　安装电动机时，一般是在电动机轴中心位置固定并调整完水平之后，再进行联轴器的找正。通过测量与计算，分析偏差情况，调整电动机轴中心位置，以达到主动轴与从动轴既同心又平行。下面以三表测量法为例进行介绍。

三表测量法又称为两点测量法，具体操作方法是：在与轴中心等距离处对称布置两块百分表，在测量一个方位上径向读数和轴向读数的同时，在相对的另一个方位上测其轴向读数，即同时测量相对两方位上的轴向读数，可以消除轴在盘车时窜动对轴向读数的影响。其测量记录如图 4-7 所示，测量情况如图 4-8 所示。

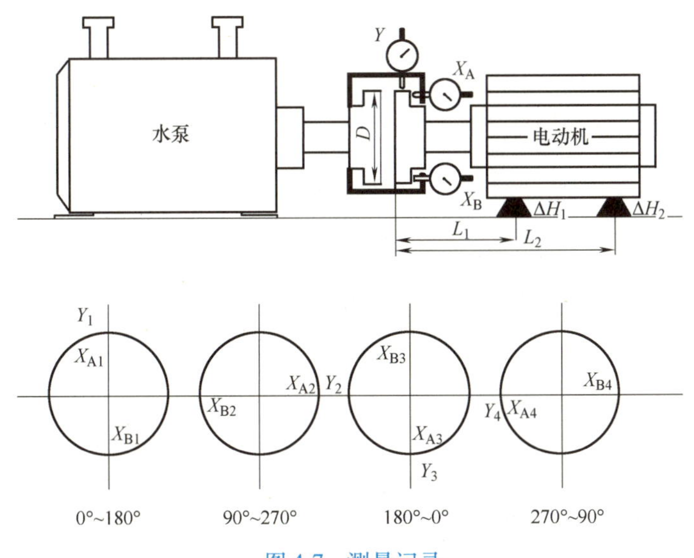

图 4-7　测量记录

图 4-8　测量情况

根据测量结果：

取 0°~180°和 180°~0°两个测量方位上轴向读数的平均值，即

$$X_1=(X_{A1}+X_{B3})/2$$

$$X_3=(X_{A3}+X_{B1})/2$$

取 90°~270°和 270°~90°两个测量方位上轴向读数的平均值，即

$$X_2=(X_{A2}+X_{B4})/2$$

$$X_4=(X_{A4}+X_{B2})/2$$

X_1、X_2、X_3、X_4四个平均值作为各方位计算用的轴向读数，与 Y_1、Y_2、Y_3、Y_4四个径向读数记入同一个记录图中，按此图中的数据分析联轴器的偏移情况，并进行计算和调整。

（3）调整方法　测量完联轴器的对中情况之后，根据记录图上的读数值可分析出两轴的空间相对位置情况。接下来要按偏差值作适当的调整。为使调整工作迅速、准确地进行，可通过计算或作图求得各支点的调整量。

$$\Delta H_1=L_1\ (X_1-X_3)/D+(Y_1-Y_3)/2$$

$$\Delta H_2=L_2\ (X_2-X_4)/D+(Y_1-Y_3)/2$$

式中，ΔH_1、ΔH_2为电动机前地脚和后地脚的调整量（正值时加垫，负值时减垫），单位为 mm；D 为联轴器的计算直径［百分表触头（即测点）到联轴器中心点的距离］，单位为 mm；L_1为电动机前地脚到联轴器测量平面间的距离，单位为 mm；L_2为电动机后地脚到联轴器测量平面间的距离，单位为 mm。

应用上式计算调整量时的几点说明：

1）Y_1、Y_2、Y_3、Y_4是用百分表测得的读数，应包含正负号一起代入计算公式。

2）ΔH 的计算值由两项组成，前项 $L\ (X_1-X_3)/D$ 中，L 与 D 不可能出现负值，所以此项的正负取决于 X_1-X_3。$X_1-X_3>0$ 时，前项为正值，此时联轴器的轴向间隙呈“上张口”形状；$X_1-X_3<0$ 时，前项为负值，此时联轴器的轴向间隙呈“下张口”形状。当 $Y_1-Y_3>0$ 时，后项为正值，此时被测的半联轴器中心（电动机轴中心）比基准的半联轴器中心（从动轴中心）偏低；当 $Y_1-Y_3<0$ 时，被测的半联轴器中心偏高。

3）电动机安装时，通常以电动机转轴（从动轴）做基准，调整电动机转轴（主动轴）。电动机底座四个支点于两侧对称布置，调整时，对称的两支点所加（或减）垫片的厚度应相等。

4）若安装百分表的夹具（对轮卡）结构不同，测量轴向间隙的百分表触头指向原动机（触头与被测半联轴器靠结合面一侧的端面接触）时，百分表的读数值大小恰与联轴器间实际

轴向间隙方向相反，所以 H 值公式的前项 X_1-X_3 应改为 X_3-X_1，即 $X_3-X_1>0$ 时为“上张口”，$X_3-X_1<0$ 时为“下张口”。

5）电动机在运转工况下因热膨胀会引起轴中心线位置的变化，联轴器找正时把轴中心线调整到设计要求的冷态（安装时的状态）轴中心位置，使电动机在运转工况下达到两轴中心线一致的技术要求。有的直接会给定电动机冷态找正时的读数值；也有的给定各支点的温升数据，由图解法求出冷态找正时的读数值。在安装大型机组时，有的给出各类电动机在不同工况下的经验图表，通过查表或计算找出冷态找正时的读数值。

6）在水平方向上调整联轴器的偏差时，不需要加减垫片，通常也不计算。操作时利用顶丝和百分表，边测量边调整，达到要求的精度即可。

（4）电动机联轴器找正前的一般要求

1）电动机在安装前

① 电动机应由电气人员进行了空载试验并且试验合格后，方允许电动机联轴器进行找正。

② 要事先了解电动机的用途、转速、联轴器形式、同心度允许误差范围，对不能架磁力表座的联轴器，要事先制作专用表架和卡扣，以便在电动机联轴器找正时，可将表卡在电动机联轴器内齿套或电动机轴上。

2）准备找中心的仪器和工具：百分表、磁力百分表架、钢直尺、游标卡尺、塞尺、水平仪、大锤、锤子、撬杠、活扳手、敲击呆扳手、计算器和笔记本。

3）电动机联轴器找正前的检查

① 轴承座、台板各部位的螺栓应紧固。

② 联轴器的测量面应打磨干净。

③ 检查电动机地脚螺栓在未紧固时的接触情况，应无翘动现象。

④ 用百分表测量联轴器径向和轴向的晃动情况，晃动值不能大于0.5mm。

4.1.5　活塞式制冷压缩机油泵的工作原理与组装

1. 内啮合转子式齿轮油泵的工作原理

内啮合转子式齿轮油泵由壳体、内转子、外转子和泵盖等组成。内转子用键或销固定在转子轴上，由曲轴齿轮直接或间接驱动，然后由内转子带动外转子一起沿同一方向转动。

转子式油泵的内转子一般有4个或4个以上的凸齿，外转子的凹齿数比内转子的凸齿数多一个，这样内、外转子就会同向不同步地旋转。转子的外廓形状曲线为次摆线。转子的齿形齿廓设计，使得转子转到任何角度时，内、外转子每个齿的齿形廓线总能互相成点接触。这样，内、外转子间形成4个工作腔，随着转子的转动，这4个工作腔的容积是不断变化的。在进油道的一侧空腔，由于转子脱开啮合，空腔容积逐渐增大，产生真空，机油被吸入，转子继续旋转，机油被带到出油道的一侧，这时转子正好进入啮合，使这一空腔容积减小，油压升高，机油从齿间挤出并经出油道压送出去。这样随着转子的不断旋转，机油就不断地被吸入和压出。

内啮合转子式齿轮油泵的优点是结构紧凑，外形尺寸小，重量轻，吸油真空度较大，泵油量大，供油均匀性好，成本低；其缺点是内外转子啮合表面的滑动阻力比齿轮泵大，因此功率消耗较大。

2. 油泵的组装

8AS12.5 型活塞式制冷压缩机中使用的内啮合转子式齿轮油泵的具体装配过程如下：

1）装轴衬时，油槽应得到良好的润滑，否则，里侧不进油会引起轴衬烧坏。

2）将油道垫板装好，再把内、外齿轮装入泵体，泵轴转动灵活即可。

3）将泵盖对准定位圆销装在泵体上，对称旋紧螺栓。

4）将传动块装入曲轴端槽内，转动灵活即可。

5）油三通阀的组装

① 将阀芯的孔对准出口，再把弹性圈、圆环和阀盖装好，然后将铭牌面螺钉装平，以防阀杆转动不灵活。

② 手柄安装。安装手柄时，应注意手柄箭头指示与铭牌位置相符，并用螺钉紧固。

6）油分配阀的组装

① 在装配时，应注意将阀芯有油孔一侧对准上载接头，另一侧对准泄压管（油回至曲轴箱）接头，要求阀芯与阀体的径向间隙为 0.03mm 左右。

② 阀芯和弹簧装入阀体后，将套筒与弹性圈以及阀盖装好，用沉头螺钉拧紧。试通时，可用手指按住接头孔，从进油口吹气，按数字从“0”位到“1”位逐个检查，同时检查一个回油孔的通向是否符合要求，然后将油分配阀装入控制台孔内，将铭牌装好，手柄箭头指示“0”位，用螺钉紧固。

③ 装油管连接螺母时，先将垫圈装好，然后对上接头，拧紧螺母。

4.1.6　过滤部分的清洗方法

制冷压缩机的吸气过滤器用来消除介质中的杂质，以保护阀门及设备的正常使用。当流体进入置有一定规格过滤网的滤筒后，其杂质被阻挡，而清洁的滤液则由过滤器出口排出。

在制冷机的任何连接部分拆卸、检查或修理前，必须先行抽真空，当真空度达到 0.087kPa 以上即可停机，然后才可拆卸检查制冷机。

（1）吸气滤网的清洗方法　对于新安装的系统，在运行 150h 后，就应将吸气滤网取出清洗，如果污垢比较多，隔 400h 后应再拆洗一次，以后只需要在检修时清洗即可。

（2）曲轴箱和过滤油网的清洗方法　对于新安装的系统，在运行 150h 后应更换润滑油，并用干净的冷冻机油擦洗曲轴箱，同时过滤油网也应取出，用煤油等清洗，以后只需检修时清洗。

4.1.7　油冷却器的清洗方法

油冷却器是润滑系统中普遍使用的一种油冷却设备。利用该设备可使具有一定温差的两种流体介质实现热交换，从而达到降低油温、保证系统正常运行的目的。

根据热交换的介质不同油冷却器可以分为风冷式油冷却器和水冷式油冷却器，主要用来冷却液压油和润滑油。油冷却器的种类比较多，水冷式油冷却器分为管式油冷却器和板式油冷却器，其中板式油冷却器又分为可拆板式油冷却器（可拆板式换热器）和钎焊板式油冷却器（钎焊板式换热器）。风冷式油冷却器分为管片式油冷却器和板翅式油冷却器。

油冷却器的清洗方法有手动清洗和就地清洗两种。如果条件具备，应尽可能使用就地清

洗系统，因为就地清洗系统可用泵将清洗剂输送入装置的内部，不用拆开油冷却器。一般制冷压缩机的油冷却器还可通过手动清洗方式进行清洗。

就地清洗油冷却器时，遵照下列步骤进行：

1）将油冷却器两边进出管口内的液体排尽。

2）用温水从油冷却器的两边冲洗，直到流出的水变得澄清。

3）将冲洗的水排出油冷却器，连接就地清洗泵。

4）要清洗彻底，就必须使就地清洗溶液从底部向顶部流动，以确保所有的板片表面都被清洗溶液润湿。

5）用就地清洗溶液清洗完后，再用清水彻底冲洗干净。

4.1.8　冷却水套的清洗方法

在典型的8AS12.5型活塞式制冷压缩机上设计有冷却水套，通入冷却水后可降低排气温度。冷却水套的本质是热交换器。

冷却水套运行一定时间后，其内表面会形成水垢，水垢无形中使冷却水套管壁增加了厚度。由于冷却水套管壁的导热系数较大［为50W/(m·K)］，而水垢的导热系数很小［为1.2~1.4W/(m·K)］，后者只有前者的2.4%~2.8%，这样就导致冷却水套管壁的传热热阻增加，使换热效果恶化，结垢严重时还可使管道堵塞。

冷却水套的基本清洗程序如下：

第一步：除垢清洗。在清洗槽循环水内按比例加入配置好的除垢清洗剂，进行压缩机冷却水套清洗除垢，根据垢量多少确定清洗循环的时间和加入药剂多少，确认全部垢质清洗下来之后转入下一步清洗程序。

第二步：清水清洗。将清洗设备和压缩机冷却水套连接好后，要用清水循环清洗10min，检查系统状态及是否有泄漏，同时将浮锈清洗掉。

第三步：剥离防腐清洗。按比例在清洗槽循环水内加入表面剥离剂和缓释剂，循环清洗20min，使垢质和清洗的各部件分离，同时对没有结垢的物体表面进行防腐处理，防止除垢清洗时清洗剂对清洗部件产生腐蚀。

第四步：钝化镀膜处理。加入钝化镀膜剂，对压缩机冷却水套清洗系统进行钝化镀膜处理，防止管路和部件腐蚀以及新的锈垢生成。

4.2　制冷系统辅助设备的维护保养

4.2.1　冷风机与水泵的维护保养

1. 冷风机的维护保养

冷风机分为工业冷风机及家用冷风机，工业冷风机一般用于冷库、冷链物流制冷环境中。

（1）冷风机的作用　冷风机是冷库蒸发器的一种。冷风机的作用是将来自冷库膨胀阀的低温低压的饱和制冷剂通过冷风机与被冷却介质发生热交换，将饱和制冷剂汽化并带走冷库内的热量。冷风机主要由冷却换热排管、轴流风机、分液器、融霜装置、接水盘5大重要部件组成。来自冷凝器的高压常温液态制冷剂经膨胀阀节流后，直接进入冷风机的分液器进行均匀分液，然后再送入换热排管进行汽化吸热。而冷风机的轴流风机则负责将冷风机和冷库内的空气进行强制对流循环，达到冷库制冷的目的。

由于蒸发器外表面的温度低于0℃，随着制冷时间的增加，冷风机外表面会出现霜层，产生这些霜层后不仅严重影响冷风机的换热系数，还会导致冷风机的循环风量大大减少，严重影响冷风机的换热量，使冷库设备的运转性能严重下降。为了保证冷风机有良好的换热性能，就必须对冷风机进行除霜工作。目前，冷风机最常见的除霜方式为电热除霜、热气除霜。电热除霜具有除霜彻底、能实现自动控制等众多优点，在很多小型冷库、医药冷库、蔬菜冷库工程中广泛应用；热气除霜在大型冷库中应用较多。

（2）冷风机的安装注意事项

1）冷风机的背部与冷库保温板的距离最少为300mm，这样有利于冷库内空气循环，也方便将来检修。

2）氟利昂吊顶式冷风机回气口要设置U形回油弯，方便冷冻机油返回压缩机。

3）冷风机的出水管要设置U形弯，以形成液封，进而避免库内外空气流通。

（3）冷风机的维护

1）去除冷风机异味。冷风机运行一段时间后，若平时没有进行过清洗保养，可能导致送出的冷风有异味，此时则需要清洗冷风机的过滤网和水槽。若清洗后仍有异味，可在开机的情况下向冷风机水槽中添加一些含氯消毒液，让消毒液浸透过滤网及冷风机各个角落，如此反复消毒几次即可去除异味。

2）清洗蒸发过滤网。拆下蒸发过滤网用高压水冲洗，一般即能清洗干净。若蒸发过滤网上有难冲洗的物质，可先用高压水冲洗蒸发过滤网和冷风机水槽，再往蒸发过滤网上喷洒空调清洗液，待清洗液完全浸透蒸发过滤网10min后，再用高压水冲洗，直至蒸发过滤网上的杂质脱离。

3）首次运行前的保养。若冷风机长时间没有使用，或新装的冷风机第一次使用，开机前要对冷风机进行简单的维护保养。拆下冷风机过滤网，开启冷风机水源阀门，检查浮球阀进水是否顺畅。设定好水槽中水的深度，装回过滤网架，开启冷风机一段时间后，检查过滤网是否均匀地浸透水分。

4）冬季保养。若冷风机在进入冬季后不再使用，此时需对冷风机进行简单的维护保养。首先关闭冷风机水源阀门，拆下过滤网并进行清洗，同时排净水槽中的水，彻底清洗冷风机水槽，有条件的可进行一次全面的消毒。清洗完毕后，装回过滤网。此时开启冷风机送风5~8min，待过滤网干燥后，关闭冷风机总电源即可。如有可能可在冷风机外部罩上冷风机保护罩，以免外界异物进入冷风机的蒸发过滤网。

（4）冷风机的清洁　由于冷风机装在室外，因此在日常使用中为保证冷风机具有较好的降温效果和送风品质，每周应清洗一两次。

1）清洁内部。若制冷设备长时间运转，为了保证制冷效果必须定期清洁制冷设备内部，清洁周期宜为两个月一次。先拆下进风侧板，用柔软的布或毛刷清洗底盘，若太脏，可用加入中性洗涤剂的温水溶液清洗，再用清水清洗干净。最后，用清水冲洗湿帘，装回进风侧板。

2）清洁外部。为保持制冷设备的外观清洁，可用柔软的布擦拭制冷设备表面。若有难去掉的污渍，可用中性清洁剂进行清洗，切勿使用挥发性的溶剂或硬性的毛刷进行清洗，以免损伤制冷设备外观，造成不可恢复的损伤。

2. 水泵的维护保养

（1）离心泵的作用 水泵是输送液体或使液体增压的机械。它将原动机的机械能或其他外部能量传送给液体，使液体能量增加，主要用来输送液体（包括水、油、酸碱液、乳化液、悬乳液等），也可输送气体混合物以及含悬浮固体物的液体。水泵的技术参数有流量、吸程、扬程、轴功率和效率等。根据不同的工作原理，水泵可分为容积水泵、叶片泵等类型。制冷系统常用的水泵多为离心泵。

水泵开动前，先将泵和进水管灌满水，水泵运转后，在叶轮高速旋转时产生的离心力的作用下，叶轮流道里的水被甩向四周并压入蜗壳，叶轮入口形成真空，水池的水在外界大气压力作用下沿吸水管被吸入补充了这个空间，继而吸入的水又被叶轮甩出，经蜗壳而进入出水管。由此可见，若离心泵叶轮不断旋转，则可连续吸水、压水，水便可源源不断地从低处扬到高处或远方。综上所述，离心泵是在叶轮高速旋转所产生的离心力的作用下，将水提向高处的，故称为离心泵。

（2）离心泵的结构和工作原理 以IS型卧式单级单吸离心泵为例，它主要由泵体、泵盖、叶轮、轴、密封环、轴套及悬架、轴承等组成，如图4-9所示。

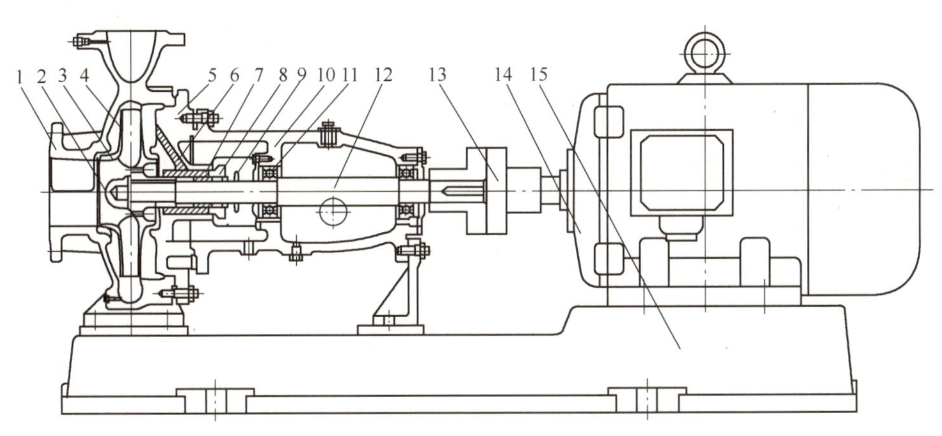

图4-9 IS型卧式单级单吸离心泵

1—泵体 2—叶轮螺母 3—密封环 4—叶轮 5—泵盖 6—轴套 7—填料密封 8—密封压盖 9—挡水圈 10—悬架 11—轴承 12—轴 13—联轴器 14—电动机 15—底板

其泵体和泵盖部分是从叶轮背面处剖分的，即通常所说的后开门结构形式。它的优点是检修时不动泵体、吸入管路、排出管路和电动机，只需拆下加长弹性联轴器的中间联接件，即可退出转子部分进行检修。单级离心泵的壳体（即泵体和泵盖）构成泵的工作室。叶轮、轴和滚动轴承等为泵的转子。悬架轴承部件支承着泵的转子部分，滚动轴承承受泵的径向力和轴向力。为了平衡泵的轴向力，大多数泵的叶轮前后均设有密封环，并在叶轮后盖板上设有平衡孔。由于有些泵轴向力不大，叶轮背面可不设密封环和平衡孔。泵的轴向密封环由填料压盖、填料环和填料等组成，以防止进气或大量漏水。泵的叶轮如果有平衡孔，则装有软填料的空腔与叶轮吸入口相通，如果叶轮入口处液体处于真空状态，则很容易沿着轴套表面进气，故在填料腔内装有填料环，通过泵盖上的小孔将泵室内压力水引至填料环进行密封。泵的叶轮如没有平衡孔，由于叶轮背面液体压力大于大气压力，因而不存在漏气问题，故可不装填料环。为避免轴磨损，在轴通过填料腔的部位装有轴套保护。轴套与轴之间装有 O 形密封圈，以防止沿着配合表面进气或漏水。

（3）离心泵的检查与保养

1）开机前的必要检查。先用手慢慢转动联轴器或带轮，观察水泵转向是否正确、转动是否灵活、泵内有无杂物、轴承运转是否正常、传动带松紧是否合适；检查所有螺钉是否紧固；检查机组周围有无妨碍运转的杂物；检查吸水管淹没深度是否足够；有出水阀门的要关闭，以减少起动负荷，并注意起动后及时打开阀门。

2）运行中的检查。应检查各仪表是否工作正常、稳定；开机后，电流不应超过额定值，压力表指针应在设计范围；检查水泵出水量是否正常；检查机组各部分是否漏水；检查填料压紧程度；检查滚动轴承温度（不应高于 75℃）、滑动轴承温度（不应高于 70℃），并注意有无异响、异常振动；及时调整进水管口的淹没深度。

3）停机和停机后的注意事项。停机前应先关闭出水阀门再停机，以防出现水倒流现象，损害机件；每次停机后，应及时擦净泵体及管路的油渍，保持机组外表清洁；及时发现隐患；冬季停机后，应立即将水放净，以防冻裂泵体及内部零件；使用季节结束后，要进行必要的维护。

4.2.2 小型土建式冷库的库体结构与制冷设备的维护保养

1. 土建式冷库的库体结构

冷库建筑是指冷库的主体建筑，其结构应有较大的强度和刚度，并能承受一定的温度应力，在使用中不产生裂缝和变形。冷库的隔热层除具有良好的隔热性能并不产生“冷桥”外，还应起到隔气防潮的作用。冷库的地坪通常应做防冻胀处理。冷库的门应具有可靠的气密性。

（1）冷库的地基与基础　土建式冷库的地基是指承受全部载荷的土层，基础是指直接承受冷库建筑自重并将全部质量传递给地基的结构物。基础应有较大的承载能力、足够的强度，并可将冷库载荷均匀地传到地基上，以免冷库建筑产生不均匀沉降、裂缝；还应具有足够的抗潮湿、防冻胀能力。一般土建式冷库采用柱基础的较多。

（2）冷库的柱和梁　柱是冷库的主要承重物件之一。土建式冷库均采用钢筋混凝土柱，柱网跨度大。一般冷库柱子的纵横间距多为 6m×6m，大型冷库的为 16m×16m 或 18m×6m。为施工方便和敷设隔热材料，冷库柱子的截面均取方形。大型单层冷库库内净高一般不小于 6m，中小型单层冷库为 4~8m，多层冷库通常为 4~8m。梁是冷库重要的承重物件，有楼板梁、基础梁、圈梁和过梁等形式。冷库梁可以预制或现场用钢筋水泥浇制。

（3）冷库的墙体　墙体是冷库建筑的主要组成部分，可以有效地隔绝外界风雨的侵袭和外界温度变化对库内的影响，以及太阳的热辐射，并有良好的防潮隔热作用。冷库外墙主要由围护墙体、防潮隔汽层、隔热层和内保护层等组成。围护外墙一般采用砖墙，其厚度为 240~370mm，在特殊条件下，也有现场浇制钢筋混凝土墙或预制混凝土墙等。对于砖外墙，其外墙两面均应以 1∶2 水泥砂浆抹面。外墙内依次敷设防潮隔汽层、隔热层及保护层。

目前，新建冷库的防潮隔汽层多为油毡或新型尼龙薄膜，并敷设于隔热层的相对高温侧。油毡一般为二毡三油。冷库隔热层可用块状、板状或松散隔热材料，如泡沫塑料、软木、矿渣、棉等敷设或充填。

在某些分间冷库中设有内墙，把各冷间隔开。当两邻间温差不超过5℃时，可采用不隔热内墙，以120mm或240mm厚砖墙为宜，两面用水泥砂浆抹面。隔热内墙多采用块状泡沫塑料与混凝土做衬墙，再制作防潮隔汽层，并以水泥砂浆抹面。隔热内墙的防潮隔汽层可做在两侧，亦可只做在高温侧。

（4）冷库屋盖　冷库屋盖应满足防水、防火、防冻、隔热、密封、坚固的要求，同时屋面应排水良好。冷库屋盖主要由防水护面层、承重结构层和防潮隔汽层、隔热层等组成。冷库屋盖的隔热结构有坡顶式、整体式和阁楼式三种。阁楼式隔热屋盖又分为通风式、封闭式和混合式。多层冷库的楼板为货物和设备质量的承载结构，应有足够的强度和刚度。冷库楼板可采用预制板，但仍以现场钢筋混凝土浇制为主。

建造的冷库应具有良好的隔热防水性能和合理的建筑结构，以减少热损，保证食品安全贮存。冷库隔热层的防潮是隔热性能长期稳定的保证。冷库的结构设计和布置应保证冷库可以长久使用和装卸货物方便。

2. 土建式冷库的防潮要求

冷库围护结构两侧（或者说库内、外两侧）的温度不同，伴随着热量的传递，还发生湿气的移动。这种湿气的移动叫作水蒸气的渗透。

围护结构的两侧有温度差，就会造成水蒸气的分压差，从而形成了水蒸气渗透的动力。比如冷库的外侧（即高温侧）为30℃，相对湿度为60%时的水蒸气分压为19.09mmHg，低温侧为0℃，即使相对湿度为100%时水蒸气分压也只有4.58mmHg。这样，围护结构两侧的水蒸气分压分别为19.09mmHg和4.58mmHg。

14.51mmHg的压差会产生一个相当大的推动力，能把水蒸气压过围护结构的微小气孔的裂隙而进入库内，这一点对低温库来说，就是把湿气压进了围护结构和保温层，会对库体保温带来极为不利的影响。在水蒸气分压差的推动下，库外的水蒸气就会向库内渗透。当水蒸气渗透到围护结构的隔汽层内部时，遇冷气会降到露点或冰点温度（尤其在低温冷库中容易出现），水蒸气就会在隔热材料的空隙和缝隙中凝结成水珠或冰晶，使隔热材料受潮而降低隔热性能［因为冰的导热系数是2.0W/(m·K)，比聚氨酯的导热系数0.02W/(m·K)大了约100倍］，严重时还会破坏隔热层。因此，为了确保隔热材料保持良好的隔热性能，延长其使用寿命，维持冷库的正常使用，在隔热层的表面设置防潮隔汽层就非常重要了。

3. 土建式冷库的防潮隔汽层的设置

目前，市场上新型的防潮隔汽材料有几百种，如防水剂、防水粉、防水涂料及特性各不相同的复合型材料等。总之，将这些材料用到冷库上时，应着重注意其透水性、透气性、抗压（拉）强度、抗老化性、耐低温性以及有无毒性等，并选择施工方便、防潮隔汽性好、耐用、机械强度好和粘连性强的材料。

因水蒸气总是从围护结构的水蒸气分压高的一侧向分压低的一侧渗透，所以应把水蒸气渗透很小的防潮隔汽材料设置在高温一侧，这样水蒸气就不会进入隔热层，也就不会在隔热层中结露、结冰而破坏隔热性能了。如果防潮隔汽层设置在低温一侧，则容易使围护结构的隔热层渗入水蒸气而导致隔热层降效或损坏。

在隔热层的表面要设置防潮隔汽层，但究竟应设在隔热层的哪一侧表面，或者是否两侧表面都要设置呢？根据我国南北温差较大的特点，主要看冷库的库内温度以及冷库是建在严寒地区、寒冷地区还是温热地区。如果冷库围护结构两侧的热、冷状态会发生反向转化，则在隔热层的热侧设置单面的防潮隔汽层即可。如果有时内侧比外侧热（如气调库在北方的很多地方，低温库在东北地区），则应考虑在隔热层的两侧均设置防潮隔汽层。

多年冷库的使用、施工、维修的经验证明，凡是受破坏严重而返修的冷库都是因为隔热层受潮严重所致，其受潮严重的主要原因就与防潮隔汽层受损或未做防潮隔汽层有关。例如，有一座冷库用了不到10年就不能再用了，就是因未做防潮隔汽层而导致隔热层遭到严重破坏，冷库外墙外侧不仅仅大面积结露，而且大面积结了厚厚的冰层，且越结越厚。另外，还有一座冷库由贮冰库改为低温库之后，外墙外侧因同样原因发生了同样的结冰越结越厚的现象，由于不能立即停产维修，只能使制冷系统每天24h不停地运行，才能勉强维持库温，增加运行成本6倍以上，教训非常惨重。因此，冷库若不设置防潮隔汽层，会使冷库的使用寿命大为缩短，运行成本大幅度上升，已成为严重影响企业经济效益的关键因素。

4. 土建式冷库制冷设备的维护保养

1）经常检查冷库制冷压缩机视油镜油面是否在规定范围内，如果缺油可能导致卡死、抱轴、烧毁电动机等故障。

2）检查冷库制冷设备中是否设置了电源断相保护、过载保护、电流保护、延时保护等功能，并日常检查这些保护措施是否正常工作，以确保压缩机安全稳定运行。

3）安装调试冷库制冷设备时，利用温度控制器、压力控制器使压缩机1h内的开机次数不多于6次，每次运转在5min以上，一次停机时间不少于3min。

4）检查冷库制冷设备中不凝性气体的体积百分浓度，不宜超过2%。

5）冷库制冷压缩机长期停用时应将制冷剂回收到贮液器并关闭排气截止阀。

4.3 综合技能训练

技能训练1 冷库的除霜操作

1. 任务分析

热氨除霜是指将制冷压缩机排出的高温气体制冷剂引入蒸发器内，利用过热蒸气冷凝所释放的热量来融化蒸发器外表面的霜层，同时使蒸发器内原有的积油在压差的作用下排走。这种方式除霜时间短、劳动强度低、除霜效果好，但操作比较复杂、能量损失大，且对库温有较大影响。

2. 训练环境

图4-10所示为典型的强制循环供液单级压缩的冷库制冷系统。该系统的冷分配设备包括顶排管、搁架式排管、冷风机。对于顶排管和搁架式排管，采用热氨除霜操作；对于冷风机，可采用水除霜操作。

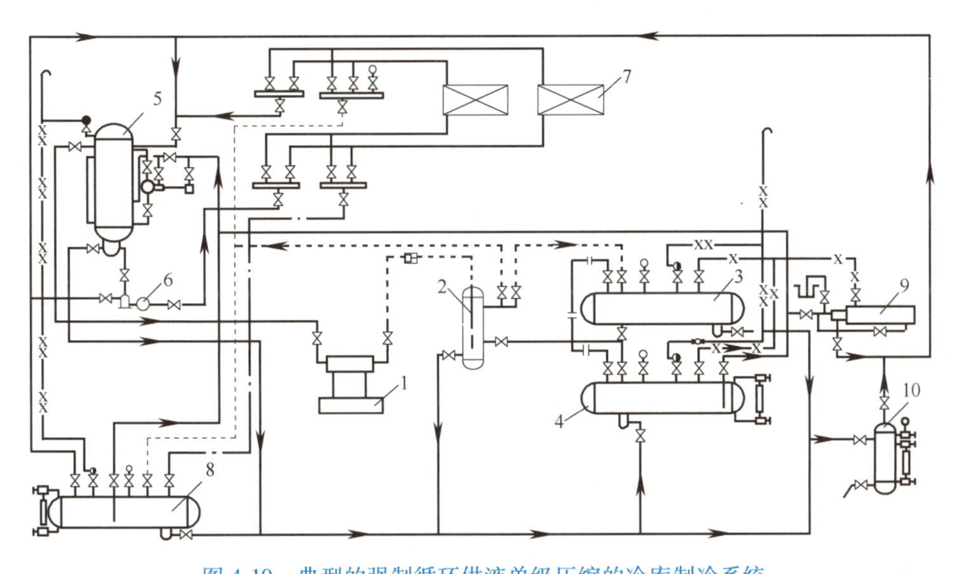

图 4-10　典型的强制循环供液单级压缩的冷库制冷系统

1—压缩机　2—洗涤式油分离器　3—冷凝器　4—贮氨器　5—低压循环贮液桶

6—氨泵　7—冷分配设备　8—排氨桶　9—空气分离器　10—集油器

3. 基本内容

(1) 热氨除霜操作

1) 检查低压循环贮液桶的液面和压力，必要时进行降压、排液处理，使低压循环贮液桶处于准备工作状态。提前关闭或关小供液阀门，使其液面高度不超过总高的40%，以便容纳除霜排液。

2) 关闭液体调节站上需除霜库房的供液阀，保持对蒸发器的抽气状态。

3) 待顶排管和搁架式排管（即冷分配设备）中的液氨大部分蒸发后（15~30min），关闭气体调节站上需除霜库房的回气阀。注意：对于蒸发温度低于-40℃、氨泵供液的制冷系统，除霜前的抽气过程尤为重要，否则，蒸发器集管或回气集管极易发生“液爆”现象。

4) 开启液体调节站的总排液阀、需除霜库房的排液阀，稍微开启低压循环贮液桶的除霜进液阀（膨胀阀）。

5) 开启气体调节站的热氨总阀、需除霜库房的热氨阀。注意：除霜时热氨压力不应超过0.6MPa。

6) 热氨除霜完毕，关闭气体调节站的总热氨阀、需除霜库房的热氨阀，关闭液体调节站的总排液阀、需除霜库房的排液阀和低压循环贮液桶的除霜进液阀（膨胀阀）。

7) 缓慢开启气体调节站的回气阀，当蒸发器的回气压力降低到系统蒸发压力时，适当开启液体调节站的有关供液阀，恢复蒸发器的工作状态。

(2) 冷风机水除霜操作

1) 关闭液体调节站上需除霜库房的供液阀，保持对冷风机蒸发器的抽气状态。

2) 待蒸发器中液氨大部分蒸发后（15~30min），关小气体调节站上需除霜库房的回气阀。

3) 停止冷风机的风机。

4) 检查并起动除霜水泵，开启除霜水阀门，向冷风机蒸发器淋水，并注意蒸发器淋水情况，避免局部水量不足而结冰。

5）冷风机水除霜过程中，不得关闭气体调节站的回气阀，以防蒸发排管内压力过高。回气阀开启的大小应以维持蒸发器内的压力在0.5~0.6MPa为宜。

6）除霜完毕，关闭除霜水系统。

7）待冷风机蒸发器上的水滴净后，稍微开大吸气阀门降低回气压力，并根据库房负荷情况适当开启有关供液阀门，恢复冷风机正常制冷状态。

（3）注意事项

1）无论采用何种除霜操作，严禁一边除霜一边打冷，否则，蒸发器集管或回气集管易发生“液爆”现象。

2）除霜过程中要保证除霜水压力，避免局部水量不足而结冰造成冰堵。

3）注意检查除霜过程中的排水情况，防止下水道堵塞导致除霜水溢出水盘淋坏货物。

4）除霜完毕后一定要关好相关阀门，低温库还要放掉除霜水管内的积水。

5）高温库采用停机除霜的方法，即停止制冷压缩机运转，打开除霜水阀门除霜即可。

6）高、低温库除霜时要控制好各库的连接时间，尽量节省除霜时间。

7）合理安排各库的除霜顺序。对库温要求较高的库房留到最后再除霜，以免该库长时间处于高温状态，对货物造成不可预见的损坏。

技能训练2　制冷系统的初级维护保养

1. 任务分析

制冷设备维修保养施工人员必须按照企业的各项规定及维修保养规程进行作业。

基本维修保养任务包括运行中的巡检和年度维修保养检查。

2. 基本内容

（1）运行中的巡检

1）机组运行后，每月进行两次现场全面巡检。

2）检查制冷系统运行中是否存在异常情况，如果发现异常情况，应及时找出原因并予以排除。

3）检测各电动机的运行状态，特别是运行电流，以判断其运行是否正常。

4）检查机组运行中是否有不正常的杂音，如果有，及时找出原因并消除。

5）检测各设备的状态，以判断其运行是否正常。

6）检测各阀门的状态，以判断其运行是否正常。

7）检查制冷机组制冷出力是否正常，如果不正常，及时调整。

8）检查电气系统及各控制器的工作状况，如果有异常，及时排除。

9）如果在巡检中发现异常，应立即组织力量进行故障排除。

10）对巡检中发现的各项情况（包括正常情况）都必须做好书面记录，并按规定存档。

（2）年度维修保养检查

1）制冷设备子系统和部件的保养：

① 制冷压缩机组的保养。

月度保养内容：

a. 清洗机组外表面及机房环境。

b. 检查润滑油量。

年度保养内容：

a. 检查制冷系统的密封情况。

b. 检查制冷压缩机的性能，必要时进行更换或修理。

② 设备（包括蒸发器、冷凝器、贮液器等）的保养。

a. 检查设备制冷系统的密封情况。

b. 检查设备附件的情况，必要时进行更换或修理。

③ 阀门（包括截止阀、低压浮球阀等）的保养。

a. 检查阀门的密封情况。

b. 检查阀门等的操作状态，必要时进行更换或修理。

④ 自动控制设备（包括温度控制器、压力继电器、压差继电器、电磁阀、传感器等）的保养。

a. 检查各零部件的密封情况。

b. 检查各零部件的性能，必要时进行更换或修理。

⑤ 仪表（包括压力表、温度计、液位计等）的保养。

a. 检查仪表的密封情况。

b. 检查仪表的性能，按要求进行校验，对不合格的进行更换或修理。

⑥ 安全（包括安全阀、紧急泄氨器等）的保养。

a. 检查零部件的密封情况。

b. 检查安全保护性能，必要时进行更换或修理。

⑦ 管路（包括法兰、过滤器等）的保养。

a. 检查零部件的密封情况。

b. 检查完好状态，必要时进行更换或修理。

⑧ 电气部分（包括控制柜、起动柜、线路等）的保养。

a. 检查电气系统的绝缘情况。

b. 检查电气零部件的性能，必要时进行更换或修理。

⑨ 其他部分（包括标识、保温等）的保养。

a. 检查标识完好情况，更换或修复破损，补足缺失。

b. 检查保温情况，及时进行修复。

2）冷却循环水系统的保养：

① 水泵的保养。

月度保养内容：

a. 泵体轴承加油。

b. 检查调整联轴器。

c. 检查地脚螺栓是否松动。

年度保养内容：

a. 更换水泵所有轴承及密封套。

b. 检查泵轮、泵壳的磨损腐蚀情况，清洗泵轮和泵壳内外表面，并做除锈、涂装处理。

c. 电动机做年度检修保养。

d. 解体检修联轴器与轴、键的磨损情况。

e. 组装泵体并与电动机连接，校正同轴度。

f. 测试电气系统的可靠性。

② 冷却塔的保养。

月度保养内容：

a. 轴承加油。

b. 检查主要部件连接螺钉的紧固情况。

③ 清洗疏水器及冷却塔内外表面。

年度保养内容：

a. 检查所有运行部件的磨损情况和减速器润滑油。

b. 更换所有轴承（包括滚动轴承、滑动轴承）。

c. 检查防锈保护层是否完好，必要时做涂装保养。

d. 电动机做年度检修保养，并检查电气系统的可靠性或更换元器件。

技能训练 3　制冷系统故障的分析和处理

1. 任务分析

（1）制冷压缩机故障　活塞式制冷压缩机故障的种类很多，其中主要有以下几种：

1）油压过低。首先检查曲轴箱或油分离器内油面，调整油压调节阀，检查油泵，若上述都正常，则可能是油系统异常，需检查过滤网、曲轴等部件是否过度磨损。

2）油压过高。此故障多由油压调节阀调整不当造成。

3）制冷压缩机运转声音异常。首先检查吸、排气压力是否偏离正常工况（过度真空或系统蒸发压力过高）。还有可能是运转部件损坏造成的，如曲轴连杆间隙过大，排气阀片（组）击坏，高低压隔离密封损坏，中间冷却器故障，能量调节装置异常，吸、排气阀门故障或开闭位置不当，电动机故障或缺油磨损，联轴器故障，地脚螺栓松动，系统支架脱焊等。

4）制冷压缩机对外泄漏。常见的故障原因为轴封泄漏、各连接密封垫紧固不均、突发事故造成机体损坏。

（2）制冷系统故障　一个已经正常投入运行的制冷系统，出现故障的主要现象为制冷能力不足，达不到设计生产要求。常常表现为以下问题。

1）冷凝压力过高。若系统蒸发压力在正常范围内，冷凝压力过高则使系统表现为制冷能力不足。产生该故障的原因有：

① 冷却水水量不足或风冷风扇转速下降。处理方式为检查水系统过滤段、风机电动机及其控制电路，找出故障部位并解决。

② 系统混入不凝性气体（空气或介质变质产生的气体等），不凝性气体占据冷凝空间且不发生气液状态改变。此故障常表现为压力表指示跳动，制冷压缩机停止运行时冷凝体系正常压力高于外界温度对应的介质压力。

③ 高压段贮存太多系统排出的冷冻机油也会造成冷凝压力过高。

④ 某一蒸发段制冷剂过多也会造成冷凝压力过高。

⑤ 换热系统换热管表面污垢增多也是造成冷凝压力过高的原因。

⑥ 排气管路支路内止回阀、排气阀出现阀芯脱落、意外关闭等情况。

2）蒸发压力过低。这是制冷系统比较常见的故障，主要故障原因是制冷剂不足或供给不足。

① 制冷剂不足。原因在于制冷系统有泄漏或由于长期放空气等操作使系统制冷剂总量减少，造成氨液或者氟利昂液体总量减少，相应高压贮存液面降低无法正常供液。应补充制冷剂并查找泄漏源（正常耗损除外）。

② 供给不足。在制冷压缩机系统正常的情况下，常见原因为节流系统出现故障。对于氨系统，故障主要表现为：主供液支路电磁阀前的过滤网阻塞，电磁阀线圈烧毁，该支路截止阀及膨胀阀开启度小或阀芯脱落，蒸发系统气阻或管路阻塞（脏堵或油堵），氨泵供液系统损坏或不良，蒸发压力过低造成氨泵不上液或者低压贮液液面过低，重力供液系统液面低或无液面，系统气阻等。

2. 训练环境

用于训练的系统可采用典型的氨或氟利昂冷库制冷系统（以活塞式制冷压缩机为核心）。

（1）制冷系统正常运行的标志

1）制冷压缩机起动后应无杂音且运行平稳，各保护、控制元器件能正常工作。

2）冷却水应充足，水压应不小于0.12MPa，水流量应符合设计要求，冷却水温度一般不高于32℃。

3）对活塞式制冷压缩机而言，油泵出口压力应比吸气压力高0.15~0.3MPa；对螺杆式制冷压缩机而言，油压应比排气压力高0.05MPa以上。油温不应高于70℃且油不起很多的泡沫，油面不低于视油镜的1/3处。

4）压缩机的吸气温度比蒸发温度高5~15℃，正常运行时吸气温度不宜超过15℃；对冷藏装置而言，吸气温度比被冷却介质温度低10~15℃为宜。

5）压缩机的排气温度不宜超过规定（例如：R22≤135℃）。制冷压缩机正常运行时，对水冷式机组而言，冷凝压力不宜超过1.4MPa；对风冷式冷凝器而言，冷凝压力不宜超过1.95MPa。

6）对装有自动回油装置的系统而言，自动回油管应是时冷时热的，液管过滤器前后温度应无明显的温差。对装有贮液器的系统而言，制冷剂液面不低于此液面指示器的1/3处。

7）气缸壁不应有局部发热和结霜情况。对冷藏产品而言，吸气管结霜一般结至吸气阀口为正常。

8）系统运行中手摸卧式冷凝器应是上部热下部凉，冷热交界处为制冷剂的界面；手摸油分离器应是上部热下部不太热，冷热交界处为油的界面。

9）膨胀阀的阀体结霜、结露应均匀，但出口处不能有浓厚的结霜；液体流经膨胀阀时只能听到沉闷的微小声音。

10）在一定的水压、水量条件下，进、出水应有明显的温差（一般为3~5℃）。

11）系统中不应有泄漏、渗油的现象，各压力表指针应相对平稳。制冷压缩机电动机的

电流不应大于额定电流，绝缘电阻不应小于 5MΩ。

（2）制冷压缩机正常运转的标志

1）氨制冷压缩机的吸气温度一般比蒸发温度高 5℃，氟利昂制冷压缩机的吸气温度最多比蒸发温度高 15℃；排气温度一般不低于 70℃且不高于 150℃。

2）油泵的排出压力应稳定，应比吸气压力高 0.15～0.3MPa，油温一般保持在 45～60℃，最高不超过 70℃，最低不低于 5℃。

3）润滑油应不起泡沫（氟利昂制冷压缩机除外），油面应保持在视油镜的 1/2 处或最高与最低标线之间。

4）制冷压缩机的滴油量应符合制造厂说明书的规定。

5）制冷压缩机的卸载机构要操作灵活、工作可靠。

6）制冷压缩机轴封处的温度一般不超过 70℃，轴承温度一般为 35～60℃。各运转摩擦部件的温度最多比室温高 30℃。

7）冷却水的温度应稳定，出水温度一般为 30～35℃，进、出水温差一般为 3～5℃。

3. 基本内容

氨、氟利昂制冷系统常见故障的原因及排除方法见表 4-2。

表 4-2　氨、氟利昂制冷系统常见故障的原因及排除方法

故障现象	原　因	排除方法
机组运转噪声大	1. 制冷压缩机电动机的地脚螺栓松动 2. 传动带或飞轮松弛	1. 紧固螺栓 2. 调节张紧传动带，检查飞轮螺母、键等
活塞式制冷压缩机有异常声响（气缸部分）	1. 气缸余隙过小 2. 活塞销与连杆小头衬套间隙过大 3. 吸、排气阀片或阀片弹簧折断 4. 假盖弹簧断裂 5. 因吸入液体制冷剂造成“液击”	1. 调整余隙，适当加厚缸垫 2. 更换衬套或活塞销 3. 更换阀片、弹簧 4. 更换假盖弹簧 5. 调整工况或调整膨胀阀开启度
活塞式制冷压缩机有异常声响（曲轴箱部分）	连杆大头轴瓦与曲柄销间隙过大	1. 调整间隙 2. 更换连杆大头瓦 3. 适当提高油压
	主轴颈与主轴承间隙过大	1. 调整间隙 2. 更换轴套 3. 适当提高油压
	连杆螺栓松动或脱落	紧固、更换螺栓，用开口销锁紧
制冷压缩机排气压力过高	1. 系统混入空气等不凝性气体 2. 水冷冷凝器的冷却水泵不转 3. 冷凝器水量不足 4. 冷却塔风机未开启 5. 风冷冷凝器的冷风机不转 6. 风冷冷凝器散热不良 7. 水冷冷凝器管壁积垢太厚 8. 系统内制冷剂充注过多	1. 排除空气 2. 检查、开启冷却水泵 3. 清洗水管、水阀和过滤器 4. 检查冷却塔风机 5. 检查、开启冷风机 6. 清除风冷冷凝器表面灰尘，防止气流短路，保证气流通畅 7. 清除冷凝器管壁水垢 8. 取出多余制冷剂

（续）

故障现象	原　　因	排除方法
油压过高	1. 油压调节阀调整不当 2. 油泵输出端管路不畅通	1. 重新调整（放松调节弹簧） 2. 疏通油路
制冷压缩机排气压力过低	1. 冷凝器水量过大、水温过低 2. 冷凝器风量过大、气温过低 3. 吸、排气阀片泄漏 4. 气缸壁与活塞之间的间隙过大，导致气缸向曲轴箱串气 5. 油分离器的回油阀失灵，致使高压气体返回曲轴箱 6. 气缸垫被击穿，致使高低压腔之间串气 7. 系统内制冷剂不足 8. 制冷蒸发器结霜过厚，致使吸入压力过低 9. 空调蒸发器过滤网过脏，致使吸入压力过低 10. 贮液器至制冷压缩机之间的区域出现严重堵塞	1. 减少水量或采用部分循环水 2. 减少风量 3. 检查、更换阀片 4. 检修、更换气缸套（体）、活塞或活塞环 5. 检修、更换回油阀 6. 更换气缸垫 7. 充注制冷剂 8. 除霜 9. 清洗过滤网 10. 检修相关部件（如电磁阀等）
冷冻机油呈泡沫状	液体制冷剂混入冷冻机油	调整制冷系统的供液量，打开油加热器
制冷压缩机排气温度过高	1. 排气压力过高 2. 吸入气体的过热度太大 3. 排气阀片泄漏 4. 气缸垫被击穿，致使高低压腔之间串气 5. 冷凝压力过高、蒸发压力过低以及回气管路堵塞或过长，致使吸气压力降低，进而造成压缩比过大 6. 冷却水量不足、水温过高或水垢太多，致使冷却效果降低 7. 制冷压缩机的制冷量小于热负荷，致使吸热过多	1. 采取有关措施，降低排气压力 2. 调节膨胀阀的开启度，减少过热度 3. 研磨阀线，更换阀片 4. 更换气缸垫 5. 调整压力，疏通管路，增大管径并尽可能缩短回气管管长 6. 调整冷却水量和水温，清除水垢 7. 增开制冷压缩机或减少热负荷
能量调节装置失灵	1. 能量调节阀的弹簧调节不当 2. 能量调节阀的油活塞卡死 3. 油活塞或油环漏油严重	1. 重新调整弹簧的预紧力 2. 拆卸检修 3. 拆卸更换
制冷压缩机吸入压力过高	1. 蒸发器热负荷过大 2. 吸气阀片泄漏 3. 活塞与气缸壁之间泄漏严重 4. 气缸垫被击穿，致使高低压腔之间串气 5. 膨胀阀开启度过大 6. 膨胀阀感温包松落，隔热层破损 7. 能量调节装置失灵，致使正常制冷时有部分气缸卸载 8. 油分离器的自动回油阀失灵，致使高压气体返回曲轴箱 9. 制冷剂充注过多 10. 系统中混入空气等不凝性气体 11. 供液阀开启度太小，致使供液不足	1. 调整热负荷 2. 研磨阀线，更换阀片 3. 检修、更换气缸、活塞和活塞环 4. 更换气缸垫 5. 适当调小膨胀阀的开启度 6. 放正感温包，包扎好隔热层 7. 调整油压，检查卸载机构 8. 检修、更换自动回油阀 9. 取出多余制冷剂 10. 排出空气 11. 调节供液阀

（续）

故障现象	原　因	排除方法
膨胀阀通路不畅	1. 进口过滤网脏堵或节流孔冰堵 2. 感温剂泄漏	1. 检修膨胀阀和干燥-过滤器 2. 更换膨胀阀
制冷压缩机吸入压力过低	1. 蒸发器进液量太少 2. 制冷剂不足 3. 膨胀阀“冰堵”或开启度过小 4. 膨胀阀感温剂泄漏 5. 供液电磁阀未开启，液体管上的过滤器或电磁阀脏堵 6. 贮液器出液阀未开启或未开足 7. 吸气截止阀未开启 8. 蒸发器积油过多，致使换热不良 9. 蒸发器结霜过厚，致使换热不良 10. 蒸发器污垢太厚 11. 蒸发器的风机未开启或风机反转	1. 调大膨胀阀开启度 2. 补充制冷剂 3. 拆下干燥-过滤器，更换干燥剂，调节膨胀阀开启度 4. 更换膨胀阀 5. 检修电磁阀，清洗通道 6. 开启、开足贮液器出液阀 7. 全开吸气截止阀 8. 清洗积油 9. 除霜 10. 清洗污垢 11. 起动风机，检查相序
膨胀阀出现气流声	系统的制冷剂不足	补充制冷剂
油压过低	1. 油压调节阀调整不当 2. 油压调节阀泄漏或弹簧失灵 3. 润滑油太脏，致使过滤网堵塞 4. 油泵吸油管泄漏 5. 油泵进油管堵塞 6. 齿轮油泵间隙过大 7. 油中含有制冷剂（油呈泡沫状） 8. 冷冻机油质量低劣、黏度过大 9. 连杆瓦或轴套摩擦面的间隙过大，回油太快 10. 油量不足 11. 油温过低 12. 油泵传动件损坏	1. 重新调整，压紧调节弹簧 2. 更换阀芯或弹簧 3. 更换、清洗过滤网 4. 检修吸油管 5. 疏通进油管 6. 检修或更换齿轮油泵 7. 关小膨胀阀，打开油加热器 8. 更换清洁的、黏度适当的冷冻机油 9. 更换连杆瓦或轴套，调整间隙 10. 找出原因，补充冷冻机油 11. 开启油加热器 12. 检查、更换油泵传动件
膨胀阀不稳定，流量忽大忽小	1. 蒸发器的管路过长，阻力损失过大 2. 膨胀阀容量选择过大	1. 合理选配蒸发器 2. 重新选择膨胀阀
曲轴箱油温过高	1. 制冷压缩机摩擦部位间隙过小，出现半干摩擦 2. 冷冻机油质量低劣，致使润滑不良 3. 制冷压缩机排气温度过高，压缩比过大 4. 机房室温太高，致使散热不良 5. 油分离器与曲轴箱串气 6. 制冷压缩机吸气过热度太大	1. 调整间隙 2. 更换冷冻机油 3. 调整工况，降低排气温度 4. 加强通风、降温 5. 检查、修复自动回油阀 6. 调整工况，降低吸气过热度
制冷压缩机起动后不久停机	1. 油压差控制器的调定值过高 2. 油泵不能建立足够的油压 3. 压力继电器的调定值调节不当 4. 制冷压缩机抱合（卡缸或抱轴）	1. 重新调整油压差控制器的调定值 2. 检查油压过低的原因 3. 重新调整调定值 4. 解体、检修制冷压缩机

（续）

故障现象	原　　因	排除方法
制冷压缩机耗油量过大	1. 油分离器的回油浮球阀未开启 2. 油分离器的分油功能降低 3. 气缸壁与活塞之间的间隙过大 4. 油环的刮油功能降低 5. 因磨损使活塞环的搭口间隙过大 6. 三个活塞环的搭口距离太近 7. 轴封密封不良、漏油 8. 制冷系统设计、安装不合理，致使蒸发器回油不利	1. 检查回油浮球阀 2. 检修、更换油分离器 3. 检修、更换活塞、气缸或活塞环 4. 检查刮油环的倒角方向，已损坏的则更换刮油环 5. 检查活塞环搭口间隙，已损坏的则更换活塞环 6. 将活塞环搭口错开 7. 研磨轴封摩擦环或更换轴封，并注意补充冷冻机油 8. 清洗系统中积存的冷冻机油
制冷压缩机停机，高低压迅速平衡	1. 油分离器回油阀关闭不严 2. 电磁阀关闭不严 3. 排气阀片关闭不严 4. 气缸高低压腔之间的密封垫被击穿 5. 气缸壁与活塞之间漏气严重	1. 检修回油阀 2. 检修或更换电磁阀 3. 研磨阀线，更换阀片 4. 更换密封垫 5. 检修气缸、活塞或更换活塞环
制冷系统堵塞（这种现象是吸气压力变低，高压压力也变低）	1. 传动机构卡死 2. 油管或接头漏油严重 3. 油压过低 4. 卸载油缸不进油 5. 干燥-过滤器脏堵 6. 膨胀阀脏堵 7. 膨胀阀冰堵 8. 膨胀阀感温剂泄漏 9. 电磁阀不能开启	1. 拆卸检修 2. 检修 3. 检修润滑系统 4. 检查、疏通油管路 5. 拆卸干燥-过滤器，清洗过滤网，更换干燥剂 6. 拆卸膨胀阀和干燥-过滤器，清洗过滤网，更换干燥剂 7. 拆下干燥-过滤器，更换干燥剂（应同时清洗过滤网） 8. 更换膨胀阀 9. 检查电磁阀电源或检修电磁阀
高压贮液器液面不稳	冷间热负荷变化大，供液阀开启度不当	适当调整开启度
制冷压缩机不起动	1. 主电路无电源或断相 2. 控制电路断开 3. 电动机出现短路、断路或接地故障 4. 温度控制器的感温剂泄漏，处于断开状态 5. 高、低压控制器断开 6. 油压差控制器自动断开 7. 制冷联锁装置动作（如自动转入除霜工况）	1. 检查电源 2. 检查原因，恢复其正常工作状态 3. 检修电动机 4. 更换温度控制器 5. 调整压力继电器的断开调定值 6. 调整油压差控制器的断开调定值 7. 检查电气控制系统
制冷压缩机吸气压力比蒸发压力低得多	1. 吸气管道、过滤网堵塞或阀门未全开、管道太细 2. “液囊”存在，使压力损失过大，造成吸气压力过低	1. 清洗管道、过滤网，调整阀门和管径 2. 去除“液囊”段

（续）

故障现象	原因	排除方法
制冷压缩机运转中突然停机或起停频繁	1. 高压压力超过调定值，制冷压缩机保护性停机 2. 油压差控制器调节不当，保护停机的压力值（油压差）与自动起机的压力值（油压差）的幅差太小 3. 温度控制器调节不当，控制差额太小 4. 油压过低 5. 制冷系统出现泄漏故障，运转时低压过低，停机后低压迅速回升 6. 制冷压缩机抱合（卡缸或抱轴） 7. 电动机超负荷或绕组烧损，导致熔丝烧断或热继电器动作 8. 电路联锁装置故障	1. 检查压力过高的原因，排除故障 2. 重新调节保护停机和自动起机的幅差 3. 重新调节起机温度和停机温度 4. 检修、调整润滑系统 5. 检漏、补漏，并补充制冷剂 6. 解体、检修制冷压缩机 7. 检查超负荷原因，排除故障 8. 检查修复
制冷压缩机排气压力比冷凝压力高得多	1. 排气管路不畅（阀门未全开、局部堵塞等） 2. 管路配置不合理（如管道太细）	1. 清洗管道，调整阀门 2. 改进管路
制冷压缩机运转不停而制冷量不足（不能达到停机温度）	1. 制冷剂不足 2. 制冷剂过多 3. 保温层变差，致使“漏冷”现象严重 4. 制冷压缩机吸、排气阀片泄漏，致使输气量下降 5. 气缸壁与活塞间漏气，致使输气量下降 6. 系统中有空气 7. 蒸发器内油膜过厚，致使积油过多 8. 冷凝器散热不良	1. 补充制冷剂 2. 取出多余制冷剂 3. 尽量维护保温层的隔热性能 4. 更换阀片，研磨阀线 5. 检修或更换活塞环、活塞或气缸套 6. 排除系统内空气 7. 清洗积油，提高导热系数 8. 检查维护冷凝器
制冷剂泄漏（接头焊缝阀门和轴封处有油迹）	1. 制冷系统管路的喇叭口或焊接点泄漏 2. 压力表和控制器感压管的喇叭口泄漏 3. 制冷系统各阀的阀杆密封不严 4. 空调冷水机组蒸发器铜管泄漏或因蒸发温度过低而冻裂 5. 开启式或半封闭制冷压缩机的机体渗漏 6. 开启式制冷压缩机的轴封泄漏	1. 重新加工连接部位 2. 使用胀管器重新加工喇叭口 3. 检修或更换阀门，并更换橡胶填料 4. 检修或更换铜管 5. 进行定期修理 6. 检修或更换轴封
制冷压缩机轴封泄漏	1. 摩擦环过度磨损 2. 轴封组装不良，致使摩擦环偏磨 3. 轴封弹簧过松 4. 橡胶圈过紧，致使曲轴轴向窜动时动、静摩擦环脱离	1. 研磨或更换 2. 重新研磨、调整、组装 3. 更换弹簧 4. 更换橡胶圈
装置运转但不制冷	1. 制冷剂几乎漏尽（机组未设置低压控制器） 2. 干燥-过滤器严重脏堵（机组未设置低压控制器） 3. 电磁阀没有开启（机组未设置低压控制器） 4. 膨胀阀严重脏堵或冰堵（机组未设置低压控制器） 5. 膨胀阀感温剂泄漏（机组未设置低压控制器） 6. 制冷压缩机高、低压腔之间的密封垫片被击穿，形成气流短路	1. 检查漏点，充注制冷剂 2. 清洗过滤网或更换干燥剂 3. 检修或更换电磁阀 4. 检修膨胀阀和干燥-过滤器 5. 更换膨胀阀 6. 检修制冷压缩机，更换垫片

（续）

故障现象	原　因	排除方法
装置运转但不制冷	7. 吸、排气阀片脱落或严重破裂 8. 蒸发器严重结霜 9. 蒸发器表面积垢太厚 10. 冷风机停转或反转 11. 卸载机构失灵	7. 更换阀片，研磨阀线 8. 检修除霜系统或手动除霜 9. 清洗蒸发器 10. 检修冷风机及其电气控制系统 11. 检查、调整卸载机构
中间压力太高	1. 从高压级看容积配比小 2. 高低压串气或进气管路不畅 3. 能量调节装置失灵，使高压级吸气少 4. 中间冷却器的隔热层有损坏；供液量小，低压级排气不能充分冷却；蛇形管损坏 5. 蒸发压力高使中间压力升高 6. 冷凝压力高使中间压力升高	1. 调整制冷压缩机 2. 检修高压级 3. 检修能量调节装置 4. 修理隔热层，调整供液阀，修理蛇形管 5. 减小蒸发压力 6. 减小冷凝压力
冷却排管结霜不均或不结霜	1. 供液管路故障，如供液阀开启度太小，管道、阀门和过滤网堵塞，管道和阀门设计或安装不合理，电磁阀损坏，致使供液不均 2. 供液管路中有“气囊”使供液量减少 3. 蒸发器中积油过多使传热面积变小 4. 蒸发器压力过高和制冷压缩机效率降低，使制冷量减少 5. 膨胀阀感温剂泄漏 6. 膨胀阀冰度、脏堵或油堵	1. 调整供液量，疏通管路，改进管道和阀门，修复或更换电磁阀 2. 去除“气囊” 3. 及时放油 4. 降低蒸发压力，检修制冷压缩机提高效率 5. 检修感温包，严重时更换膨胀阀 6. 清洗过滤网，更换干燥-过滤器
冷间降温困难	1. 进货量太多或进货温度过高，冷间门关不严或开门次数过多 2. 供液阀或膨胀阀调整不当，流量过大或过小，使蒸发温度过高或过低 3. 隔热层受潮或损坏使热损失增多 4. 电磁阀和过滤器中油污、脏污太多，管路阻塞或不通畅 5. 蒸发器面积较小 6. 管壁内表面有油污、外表面结霜过多 7. 制冷剂充灌过多或过少，使蒸发压力过高或过低 8. 膨胀阀感温剂泄漏，冰堵或脏堵	1. 控制进货量和进货温度，关闭门和减少开门次数 2. 调整供液阀或膨胀阀 3. 检修隔热层 4. 清洗过滤网和电磁阀，疏通管路 5. 增加蒸发器面积 6. 排除油污和霜层 7. 调整制冷剂量，检修制冷压缩机 8. 检修感温包，更换制冷剂或干燥剂，清洗过滤网
氟利昂系统油分离器故障	1. 回油阀（自动）打不开，长期不热 2. 回油阀关闭不严，长期发热或发凉结霜 3. 过滤网堵塞	1. 检修浮球或阀针孔等 2. 检修浮球机构、阀针及阀针孔等 3. 清洗过滤网
制冷压缩机发生湿冲程	1. 供液阀开启度过大，气液分离器或低压循环贮液器液面过高，中间冷却器供液过多或液面过高，出液管堵塞或未打开，空气分离器供液太多 2. 蒸发面积过小，蒸发器积油太多或霜层太厚，使传热面积减小	1. 调整供液阀，检查有关阀门和管道，排除多余液体，放出多余制冷剂 2. 增加蒸发面积或减小制冷量，及时除霜或放油

（续）

故障现象	原　因	排除方法
制冷压缩机发生湿冲程	3. 冷间热负荷较小或制冷压缩机制冷量较大，使制冷剂不能完全蒸发	3. 减少制冷量，并调配制冷压缩机容量
	4. 吸气阀开启过快或气缸润滑油太多	4. 缓慢开启吸气阀，调整油压
	5. 膨胀阀感温包未扎紧，受外界影响误动作	5. 检查感温包安装情况
	6. 系统停机后，电磁阀关不紧，使制冷剂大量进入蒸发器	6. 缓慢开启吸气阀，并注意制冷压缩机的工作情况

技能训练 4　用制冷压缩机抽真空

1. 任务分析

在氨制冷系统中，用制冷压缩机抽真空是开启式制冷压缩机的抽真空专用方法。虽然此法操作方便，但由于空气和氨制冷剂的特性不同，因此需要特别注意操作中的基本要求。

2. 训练环境

可以使用4AV10型活塞式制冷压缩机组（见图4-11）作为典型设备进行操作。

3. 基本内容

（1）用制冷系统本身的制冷压缩机抽真空的操作方法

1）关闭吸气阀、排气阀，旋下排气阀的旁通孔螺塞，装上排气管，打开旁通孔道，以便排放空气。

2）关闭系统中通大气的阀门，如充注阀、放空气阀等，打开系统中其他所有阀门。

图4-11　4AV10型活塞式制冷压缩机组

3）系统的冷凝器若为水冷冷凝器，则应放尽冷凝器中的冷却水，否则会因冷却水温度较低而使系统内的水分不易蒸发，难以被抽尽。

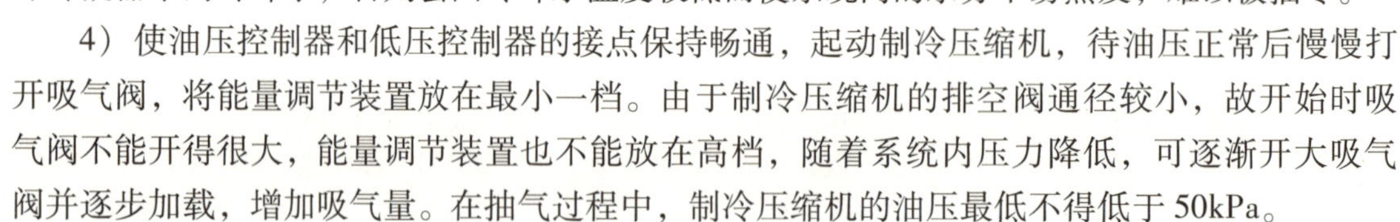

4）使油压控制器和低压控制器的接点保持畅通，起动制冷压缩机，待油压正常后慢慢打开吸气阀，将能量调节装置放在最小一档。由于制冷压缩机的排空阀通径较小，故开始时吸气阀不能开得很大，能量调节装置也不能放在高档，随着系统内压力降低，可逐渐开大吸气阀并逐步加载，增加吸气量。在抽气过程中，制冷压缩机的油压最低不得低于50kPa。

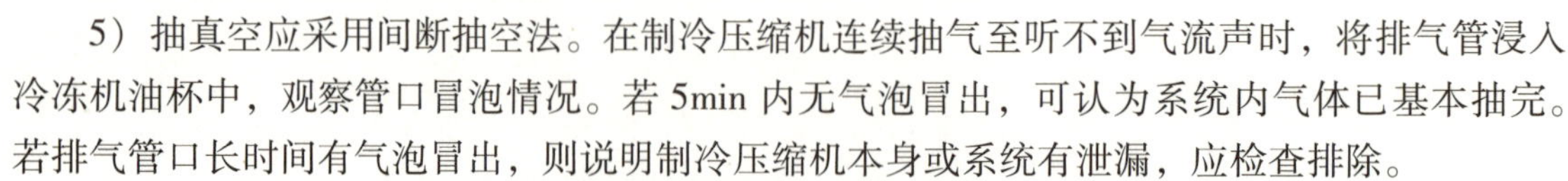

5）抽真空应采用间断抽空法。在制冷压缩机连续抽气至听不到气流声时，将排气管浸入冷冻机油杯中，观察管口冒泡情况。若5min内无气泡冒出，可认为系统内气体已基本抽完。若排气管口长时间有气泡冒出，则说明制冷压缩机本身或系统有泄漏，应检查排除。

检查时，先关闭制冷压缩机的吸气阀，检查制冷压缩机本身是否泄漏。若制冷压缩机本身无泄漏，则盛油容器里就不会出现气泡，同时也说明问题在系统中。若制冷压缩机本身有泄漏，气泡就会连续产生，这往往是轴封不密合造成的。如果开始时气泡较大，然后逐渐变小，气泡出现的间隔时间也越来越长，这说明轴封从开始不密合到逐渐密合。若发现管端（插入面不深的情况下）出现冷冻机油反复吸进吐出的现象，但将管端插到油内深处后就看不到此现象了，这种情况一般由阀片不密合所致，经重负荷使用后会有一定好转。

抽好真空后，应先关闭排空孔道，然后再停机，以防止停机后因阀片不密合而出现空气倒流现象。

（2）注意事项

1）当真空度抽至 8.659kPa 时，制冷压缩机的油压已经很低，不能再继续抽真空。

2）在使用本身的制冷压缩机抽真空的过程中，假如制冷压缩机自身带润滑油泵，则随着系统内真空度的提高会使润滑油泵工作条件恶化，引起机器运动部件的损坏，所以当油压（指压差）小于 26.7kPa 时，应立即停机。

3）抽真空结束后要对制冷压缩机进行拆洗，更换新的润滑油。

技能训练 5　制冷系统的加氨操作

1. 任务分析

1）加氨工作由熟练技工进行。

2）做好加氨前的准备工作：

① 准备加氨工具及防护用品。

② 操作人员必须戴上橡胶手套。

③ 操作人员必须和运转班人员密切配合，使贮氨器液面保持在 60%以下。

④ 加氨站接上加氨管和压力表，加氨槽车与加氨管连接牢固。

2. 训练环境

可以使用以 4AV10 型活塞式制冷压缩机组作为典型设备的氨制冷系统进行操作，原则性的氨制冷系统如图 4-12 所示。

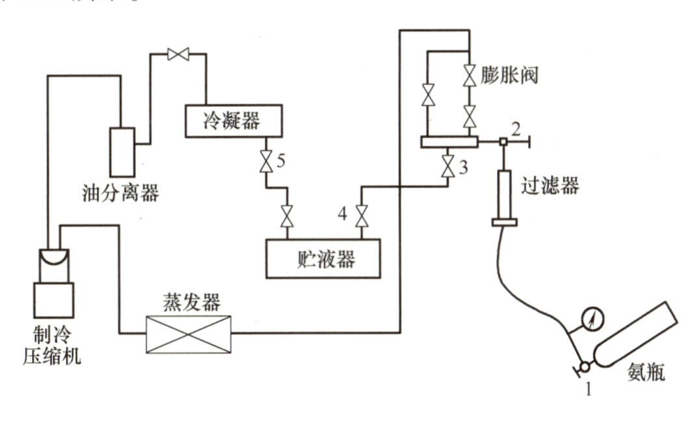

图 4-12　原则性的氨制冷系统

3. 基本内容

加氨操作的基本步骤如下：

1）关闭总调节站上的总供液阀。

2）关闭总调节站上的无关阀，打开有关的阀门及三个加氨阀。

3）打开加氨站上的加氨阀，开启加氨槽车上的出液阀，进行加氨。操作人员必须背对槽车的出液口，以防氨液喷出伤人。

4）当加氨管上压力表的压力降到与系统的蒸发压力相等时，加氨槽车上及接连管上的结霜开始融化且发出震动罐声时，表示氨已加完。关闭槽车上的出液阀，同时关闭加氨管组上的总阀及氨站加氨阀。

5）加氨完毕后，关闭加氨管上的各阀和加氨站的加氨阀、总调节站上的加氨阀。

6）开启总供液阀，恢复正常运转。

7）加氨完毕后，还要打开室外加氨阀，将加氨管与大气相通，待管内残留的制冷剂蒸气排空后再关闭室外加氨阀，将备用管管口包好留存。

8）将加氨站各阀门铅封、管口包好。

技能训练 6　氨制冷系统的放空气操作

1. 任务分析

如果将制冷系统中的空气直接放出将会带出大量的氨气，因此混合气体必须经过空气分离器降温并分离氨液后再放出。目前使用较多的是卧式四重管式空气分离器，如图 4-13 所示。

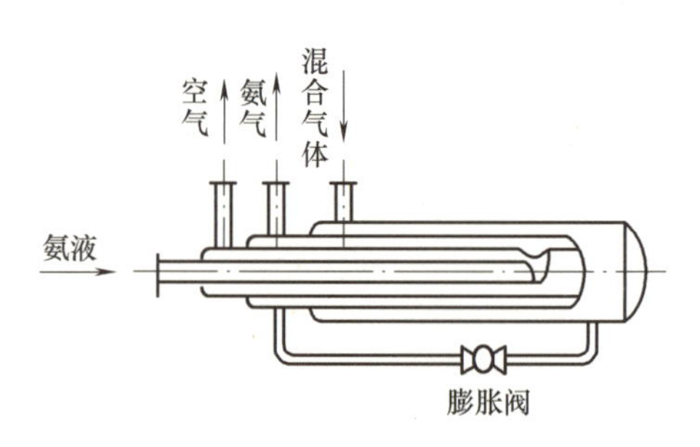

图 4-13　卧式四重管式空气分离器

2. 训练环境

可以使用带有卧式四重管式空气分离器的制冷系统进行操作，原则性的制冷系统如图 4-14 所示。

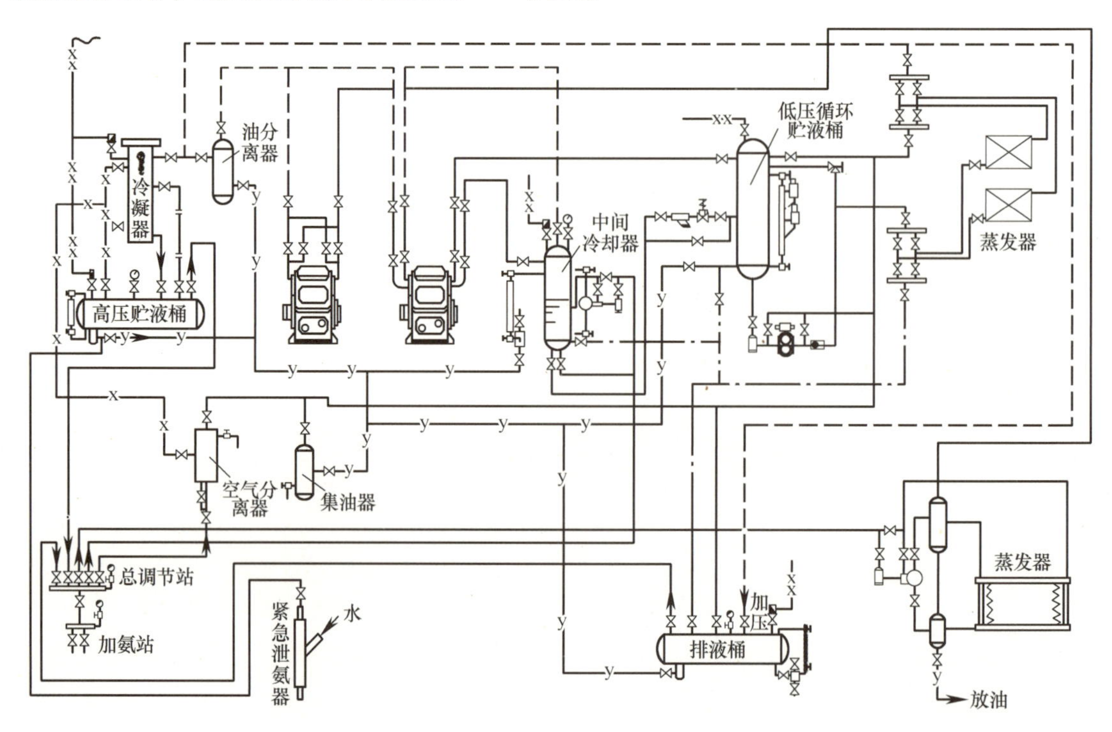

图 4-14　原则性的制冷系统

3. 基本内容

放空气操作是在制冷系统正常运行中进行的。在制冷系统运行后，进行下列操作：

1）开启混合气体阀，使混合气体进入放空气器内。

2）开启回气阀，微开供液膨胀阀。

3）将放空气器管口插入流动水容器内，微开放空气阀。

4）当放空气器底部由于沉液过多而发凉或结露、结霜时关闭供液膨胀阀，打开旁通管膨胀阀。

5）当放空气器温度上升后，关闭旁通管膨胀阀，重新开启供液膨胀阀。

6）当制冷系统高压压力明显降低、排气温度下降、机器排气压力表指针没有剧烈跳动、放空气流动水呈乳白色、水温上升、放空气器管口有噼啪声时，表示放空气结束。

7）停止放空气时，依次关闭供液膨胀阀、混合气体阀、放空气阀，开启旁通管膨胀阀，抽净放空气器内液体后关闭旁通管膨胀阀。

8）放空气时注意：膨胀阀不能开得过大，其液量以回气管结霜长度在1.5m为宜；停止放空气时，应在关闭混合气体阀后立即关闭放空气阀，间隔时间不能过长，间隔时间过长会造成放空气器内压力降低，将水吸入放空气器内。

4.4　技能大师高招绝活

4.4.1　制冷系统制冷剂不足的判断

制冷剂不足是制冷系统的典型故障。

1. 基本特征

制冷剂不足时的基本特征有：蒸发器结霜或者结露不满；压缩机吸、排气压力下降；吸气温度偏高；制冷压缩机电动机运行电流下降；制冷压缩机运行声音变低。其表现是制冷系统制冷效率下降，达不到预期制冷要求。

2. 制冷系统制冷剂不足的判断方法及原因分析

1）由于制冷剂不足，制冷压缩机的吸气压力和排气压力均比正常值低。

2）制冷剂不足使蒸发器内的蒸发量下降，因而制冷量下降，制冷效果不佳，室温或库温下降缓慢或者不降。

3）膨胀阀不结霜或很少结霜。在空调工况时，不结露，冷凝水很少或者没有。

4）蒸发器很少结霜或者不结霜。在空调工况时，不结露，冷凝水很少或没有。

5）由于制冷剂不足，往往使制冷压缩机没有在额定负荷下运转，造成机组轻负荷甚至空转，此时电流低于额定电流。

3. 引起制冷剂不足的原因

1）新装系统没有按要求充注制冷剂。

2）系统气密性不好，制冷剂泄漏。

3）操作维修不当，引起制冷剂外泄等。

当发现系统制冷剂不足时，应对整个系统进行严格认真的检查并排除故障，按规定补充制冷剂，使其恢复正常运行。

【大师总结】对于故障分析有两类方法：感官分析和参数分析。

感官分析是指利用人类的感官，如视觉、听觉、嗅觉、味觉、触觉等进行故障分析。感官分析的目的在于评估研究对象，属于定性分析。

参数分析则是利用仪器仪表，通过测量制冷系统参数的实际数据来判断故障，属于定量分析。

假设本例分析对象是小型冷藏库制冷系统，可以把感官分析和参数分析分别列表。

1. 感官分析

根据感官分析的基本特点，把感官、检查部位、正常情况和异常情况列表，见表4-3。

表4-3　冷藏库制冷系统制冷剂不足的感官分析

序　号	感　官	检查部位	正常情况	异常情况
1	看	蒸发器	结霜	不结霜或很少
		膨胀阀	结霜	不结霜或很少
		制冷压缩机吸气管	结霜	不结霜或很少
2	摸	制冷压缩机吸气管	温度较低	温度较高
3	听	制冷压缩机运转的声音	较大	较小

2. 参数分析

根据参数分析的基本特点，把参数、检查部位、正常情况和异常情况列表，见表4-4。

表4-4　冷藏库制冷系统制冷剂不足的参数分析

序　号	参　数	检查部位	正常情况	异常情况
1	压力	制冷压缩机的排气压力	设计值	≤设计值
		制冷压缩机的吸气压力	设计值	≤设计值
		高压贮液器	设计值	≤设计值
2	温度	制冷压缩机的吸气温度	设计值	≥设计值
		制冷压缩机的排气温度	设计值	≤设计值
		库温	设计值	>设计值
3	液位	贮液器	正常	低
4	电流	制冷压缩机电动机	额定值	<额定值

4.4.2　制冷系统干燥-过滤器失效的判断

干燥-过滤器主要起到杂质过滤的作用。典型的可拆卸干燥-过滤器如图4-15所示。

1. 故障判断

干燥-过滤器产生故障的原因主要是脏堵。其故障包括全堵和不全堵，不全堵又可以细分为不产生影响的不全堵和产生影响的不全堵两种，因此其故障现象分为三种情况进行分析。

（1）产生影响的不全堵　此故障是干燥-过滤器部分堵塞，已经影响制冷。从局部来看，由于产生节流现象，会表现出温差，严重时干燥-过滤器外壳会结霜或结露。此故障会导致向蒸发器供液不足，系统制冷量下降，达不到要求的制冷温度。

图4-15　典型的可拆卸干燥-过滤器

（2）全堵　此故障是干燥-过滤器堵死，相当于截止阀关闭。从局部来看，由于制冷剂不流通，反而不会表现出温差，干燥-过滤器外壳没有任何异常的感官现象。此故障会导致不能向蒸发器供液，系统完全不制冷，吸气压力极低。此故障只能通过拆检才能判定。

（3）不产生影响的不全堵　此故障是出现实质性故障的前奏，且干燥-过滤器外壳没有任何异常的感官现象。此故障会导致向蒸发器供液减少，但尚未影响到制冷效果，如果不进行拆检很难通过感官和参数直接判断。

由以上分析可知，最容易发现的是产生影响的不全堵，这也是为什么要加强平时巡检的原因。

2. 故障检修实例

某采用 R22 制冷剂的小型冷藏库，因库温达不到要求报修。现场通电试运行，制冷压缩机运转声很轻，测量其运转电流比正常值低，排气压力表显示压力正常，正常吸气压力表在负压状态。检查所有相关阀门发现开闭状态均正常，供液干管上的视液孔中显示制冷剂正常，干燥-过滤器表面无温差，初步推测为干燥-过滤器全堵。

关机后，松开干燥-过滤器出口锁母，无液体制冷剂，再松开干燥-过滤器入口锁母，有液体制冷剂喷出，初步判断为干燥-过滤器堵塞。关闭截止阀后拆检，判定为干燥-过滤器脏堵。清洗、更换干燥剂并复装后试机观察，制冷正常。

4.4.3　活塞式制冷压缩机温度异常的判断

对于单级蒸气压缩式制冷系统，蒸发温度、冷凝温度是两个最重要的参数，但是在实际运行中往往不易或不方便直接测量到。由于制冷设备运行的核心是制冷压缩机，而且稍大一些的机器往往在吸气管和排气管上装有温度计，这样通过制冷压缩机的吸气温度和排气温度来间接监测、控制蒸发温度、冷凝温度就非常方便了。在一些小型制冷压缩机上，也可以通过感官检验来判断制冷压缩机的运行状态，进而控制整个制冷系统的运行。

在单级制冷系统中，必须关注运行时的吸气温度和排气温度，因此异常的运行状态有 4 种情况，即吸气温度过低、吸气温度过高、排气温度过高、排气温度过低。经验丰富的运行人员通过比较正常运行时的温度和实际温度，即可判断系统运行情况，提前做出预判并实时进行调整，保证制冷系统运行在正常状态。

1. 吸气温度过低

造成吸气温度过低的原因主要是：

1）制冷剂充注太多。制冷剂充注太多，占据了冷凝器内部分容积而使冷凝压力增高，进入蒸发器的液体随之增多，导致蒸发器中液体不能完全汽化，使制冷压缩机吸入的气体中带有液体微滴。这样，回气管道的温度下降，但蒸发温度因压力未下降而未变化，过热度减小。即使关小膨胀阀，此现象也无显著改善。

2）膨胀阀的开启度过大。由于操作者调节不当，感温元件因绑扎过松而与回气管接触面积变小，感温元件未用绝热材料包扎及其包扎位置错误等，致使感温元件所测温度不准确或接近环境温度，使膨胀阀的开启度增大，导致供液量过多。

2. 吸气温度过高

造成吸气温度过高的原因主要是：

1）系统中制冷剂充注量不足或膨胀阀的开启度过小，造成系统制冷剂的循环量不足，进入蒸发器的制冷剂量变少，过热度变大，导致吸气温度过高。

2）膨胀阀口的过滤网堵塞，导致蒸发器内的供液量不足，液体制冷剂量减少，使蒸发器内有一部分被过热蒸气所占据，因此吸气温度升高。

3）其他原因引起吸气温度过高。如回气管道隔热效果不好或管道过长，都可引起吸气温度过高。

3. 排气温度过高

造成排气温度过高的原因主要是：

1）由吸气温度高导致。

2）环境温度高，冷却条件恶化，使冷凝压力高，导致排气温度上升。

3）工作要求变化，使压缩比提高。

4. 排气温度过低

造成排气温度过低的原因主要是：

1）膨胀阀冰堵或脏堵，以及过滤器堵塞等，必然使吸、排气压力都下降。

2）制冷剂充注量不足。

3）膨胀阀孔堵塞，使供液量减少甚至停止。

4）过滤器堵塞，使供液量减少甚至停止。

5）制冷压缩机中进入了大量的液态制冷剂，这是“液击”的前兆。

4.4.4 制冷系统压力异常的判断

在单级蒸气压缩式制冷系统中，蒸发压力、冷凝压力也是两个很重要的参数，实际运行时也不易或不方便直接测量到。同样道理，由于制冷压缩机都在吸气管和排气管上装有压力表，这样通过制冷压缩机的吸气压力和排气压力来间接监测、控制蒸发压力、冷凝压力就非常方便了，再与蒸发温度和冷凝温度结合在一起，就可以很好地控制整个制冷系统的运行。

在单级制冷系统中，还必须关注运行时的吸气压力和排气压力，因此异常的运行状态也有 4 种情况，即吸气压力过低、吸气压力过高、排气压力过高、排气压力过低。经验丰富的运行人员通过比较正常运行时的压力和实际压力，即可判断系统运行情况，提前做出预判并实时进行调整，保证制冷系统运行在正常的状态。

1. 冷凝压力过高

1）水冷冷凝器冷却水量不足、水温高（如果是风冷冷凝器，则风量太小）。冷却水量或冷却风量的大小是引起冷凝压力变化的主要原因。为确保安全运行，氨冷凝器冷却水系统中可用水压继电器、电接点式压力表、浮标式控制器等加以控制，以便当冷却水的水压过低时，报警并使制冷压缩机停止运转。氟利昂制冷设备上均带有高压继电器保护装置，当冷却水的水压过低时，制冷压缩机能停止运转。

2）制冷系统内有空气等不凝性气体也会使冷凝压力升高。

3）冷凝器制冷剂过多。这种现象常见于氟利昂制冷系统的卧式冷凝器，特别是小型机组冷凝器兼做贮液器时，补充制冷剂过多，则液体制冷剂占据了有效冷凝面积，或是冷凝器出液阀未全开，导致冷凝压力升高。

无视液镜的冷凝器难以确定内存制冷剂量。当冷凝器内制冷剂偏少时，会有一定的现象反映。如卧式冷凝器出液管温度比较高或时冷时热，这表示部分未冷凝的过热气体进入液体管。还有一种现象是无论如何调节膨胀阀，低压仍不上升或上升不显著。可触摸冷凝器的冷热交界面，以确定冷凝器内制冷剂的具体液位。

4）冷凝器年久失修，在传热管污垢严重时会导致冷凝压力上升。对于立式冷凝器，可以直接观察传热面的水垢情况，而卧式冷凝器需拆下封头才能检查，或者通过进出冷却水温差来分析。水垢的存在对冷凝压力影响较大，过多的水垢可使冷凝压力比正常压力高出0.1~0.2MPa，应在冬季停机后清洗。

2. 蒸发压力过低

当蒸发压力过低时，对制冷装置的经济性影响极大，其表现是排气温度升高、降温缓慢，直接蒸发式表冷器的表面结霜不均，蒸发器出口端口可能不结霜。

造成蒸发压力过低的原因如下：

1）膨胀阀的开启度过小，导致制冷剂流量不足，使蒸发器大部分空间存有制冷剂且制冷剂蒸气过热，由于气体制冷剂的传热性能低于液体制冷剂，所以制冷量下降。

2）蒸发器面积过小，与制冷量不匹配。出现这种情况时无论怎么调节，蒸发压力也不能升高，即使是暂时升高，也会很快自动下降。注意，若确因蒸发面积过小，决不能用调节蒸发压力的办法去满足制冷量的需要，只能用增加面积或降低制冷量的办法来解决，否则制冷压缩机必然产生湿压缩。

3）搅拌机（或水泵）转速不够或规格不符，使制冷剂流速得不到保证，从而造成蒸发器表面结冰，增加了热阻，影响了传热及蒸发速度，故蒸发压力逐步降低。直接蒸发式表冷器表面结霜与结冰，都会降低蒸发压力。

4）在氟利昂制冷系统中，引起蒸发压力低的因素还有干燥-过滤器堵塞、电磁阀不工作、膨胀阀冰堵等。

5）负荷调节器的档数不适应热负荷的要求，使制冷量大于热负荷。

3. 排气压力过高

在系统正常运行过程中，排气压力值和冷凝压力值很接近。若排气压力大于冷凝压力，这是反常现象，应立即查找原因，严重时应停机处理。

引起排气压力高于冷凝压力的原因不外乎排气阀开启度不当、排气管路堵塞、排气压力表失灵等。检查时，应将制冷压缩机出口到冷凝器进口之间的所有阀门打开，用手触摸排气管，寻找阻塞点，然后迅速排除。

4.4.5　氨低压浮球阀的应用

1. 氨低压浮球阀概述

氨低压浮球阀在制冷过程中起节流减压和自动控制蒸发器、中间冷却器等容器内液面的作用。当容器内液面低落时，浮球阀自行开大，待液氨升至规定液面时，浮球阀自行关闭。

低压浮球调节阀用于满液式蒸发器，按其中制冷剂液位来调节制冷剂供入量。氨制冷装置的FQ-5型低压浮球阀置于蒸发器一侧，上、下各连有平衡管，所以其中液位与蒸发器中一致，并处于系统低压部分。当液位高时，浮球漂起，针阀将节流孔关小，减少制冷剂供入量，至全部关死为止，使蒸发器中液位保持在一定限度内。当浮球阀失灵时，可使用手动膨胀阀来调节。

在制冷压缩机停机时，冷库蒸发器中的制冷剂停止蒸发，液体中气泡消失，液位下降，浮球阀大开，大量制冷剂涌入，至液位升到高限时，浮球阀才自动关死 而在下次起动制冷压缩机时，制冷剂开始蒸发，原已处于高限的液位因液体中充满气泡而进一步猛涨，使制冷剂被吸入制冷压缩机导致发生液击。所以在制冷压缩机停机后，必须立即关闭浮球阀前的截止阀。

2. 氨低压浮球阀的故障分析

（1）浮球阀不能开启或关闭

1）原因分析

① 制冷系统中金属屑、锈泥、填料、焊渣等污物阻塞。

② 浮球阀的浮球本身有小孔或焊锡被腐蚀，造成浮球阀泄漏而不能自动关闭。

③ 浮球阀使用年久，柱形阀体磨损严重，不能起到关闭作用。

④ 均压管中有污物阻塞，使浮球失灵。

2）排除方法

① 装置过滤器，并定期进行检查和清洗。

② 将浮球阀的浮球上的小孔补焊起来，将锡焊改为电焊。

③ 更新柱形阀。

④ 清扫均压管的堵塞部位。

（2）浮球阀的开启度不大

1）原因分析：主要是柱形阀孔的表面粗糙度不够，或阀呈椭圆形或圆锥形。

2）排除方法：用铰刀铰孔，使表面粗糙度、几何形状达到要求。

（3）浮球下落

1）原因分析：主要是制造连杆的材质不好、应力集中，当液体放满时，连杆受力后螺钉处断裂。

2）排除方法：用韧性较好的钢重新制造连杆。

（4）浮球阀连杆与柱形阀脱离

1）原因分析：调整螺钉处的开口销在工作时脱落。

2）排除方法：拆开检查后，重新装置开口销。

1. 活塞式制冷压缩机吸、排气阀的组装要求是什么？
2. 活塞式制冷压缩机的油过滤器如何进行清洗？
3. 真空泵联轴器如何进行找正？
4. 活塞式制冷压缩机的油泵如何进行组装？
5. 活塞式制冷压缩机的油冷却器如何进行清洗？
6. 冷藏库的防潮隔汽层如何进行设置？

7. 热氨除霜如何进行操作?
8. 活塞式制冷机组运行中需要进行哪些巡视工作?
9. 制冷压缩机组年度与月度要进行哪些保养工作?
10. 氨制冷压缩机正常运行的标志是什么?
11. 氟利昂制冷压缩机正常运行的标志是什么?
12. 活塞式制冷压缩机自身抽真空如何操作?
13. 如何进行氨制冷剂的加注操作?
14. 氨制冷系统如何进行放空气操作?
15. 如何判断制冷系统制冷剂是否不足?

附录

模拟试卷

一、单项选择题

1. 我国安全生产的根本出发点和思想核心是（　　）。
A. 安全第一　B. 预防为主　C. 以人为本　D. 用户至上
2. 与28℃相对应的热力学温度为（　　）。
A. −245K　B. 82.4K　C. 245K　D. 301K
3. 液体制冷剂在蒸发器中蒸发，其（　　）。
A. 蒸发压力越高温度越低　B. 蒸发压力越低温度越高
C. 蒸发压力越低温度越低　D. 蒸发压力与温度无关
4. 离心式压缩机的能量调节机构是（　　）。
A. 卸载装置　B. 滑阀
C. 进口导叶　D. 高压回气管
5. 套管式冷凝器常用于制冷量小于（　　）的小型氟利昂制冷系统中。
A. 15kW　B. 25kW　C. 30kW　D. 40kW
6. 空调器中的蒸发器属于（　　）换热器。
A. 壳管式　B. 套管式　C. 板式　D. 肋片管式
7. 中间冷却器的作用是冷却（　　）压缩机排出的过热蒸气。
A. 低压级　B. 高压级　C. 单级　D. 多级
8. 如果油泵不能达到调定的压差值，压缩机就要（　　）。
A. 间歇运行　B. 降速运行　C. 提速运行　D. 停机
9. 活塞式压缩机能量的调节方法是采用减少实际（　　）的卸载调节方法。
A. 排气压力　B. 吸气压力　C. 工作气缸数量　D. 油泵压力
10. 氨双级制冷系统中的中间冷却器液面常采用（　　）控制。
A. 膨胀阀　B. 闸阀　C. 浮球液位计　D. 浮球阀
11. 普通冷却塔的工作原理是（　　）。
A. 冷却水冷凝冷却　B. 冷却水与制冷剂直接接触换热
C. 冷却水与空气直接接触换热　D. 冷却水与空气间接接触换热
12. 夏季可将冷却水泵开足水量，因为（　　）。
A. 冷却水温低　B. 膨胀阀前后的压力差相等
C. 膨胀阀前后的压力差小　D. 冷却水温高
13. 当工艺温度低于（　　）℃时，可以使用氯化钠水溶液作为载冷剂。
A. 0　B. 1　C. 3　D. 5

14. 液体制冷剂在冷凝压力下，冷却到低于冷凝温度后的温度，称为（　　）。

A. 再冷凝温度　　B. 过冷温度　　C. 冷却温度　　D. 冷凝温度

15. 在氟利昂制冷系统中，冷凝压力与蒸发压力之比小于或等于（　　），均采用单级压缩式制冷系统。

A. 6　　B. 8　　C. 10　　D. 12

16. 选择双级压缩式制冷循环的原因是（　　）。

A. 高压过高　　B. 低压过低　　C. 压缩比过大　　D. 压缩比过小

17. 空气进入复叠式制冷系统的原因是（　　）。

A. 高压过高　　B. 高压过低　　C. 低压过高　　D. 低压过低

18. 制冷压缩机的润滑和冷却，使用月牙形内啮合齿轮油泵的特点是（　　）。

A. 只能顺时针旋转定向供油

B. 只能逆时针旋转定向供油

C. 不论顺转、反转都能按原定流向供油

D. 与外啮合齿轮油泵相同

19. 三相异步电动机进行Y—△起动时，其起动电流可以减小（　　）。

A. 1/2　　B. 1/4　　C. 1/3　　D. 1/5

20. 载冷剂的（　　）要低，可以扩大使用范围。

A. 熔点　　B. 冰点　　C. 热容　　D. 相对密度

21. 三相异步电动机的旋转磁场转速与电源频率成正比，与磁极对数成（　　）。

A. 无关　　B. 反比　　C. 正比　　D. 相加关系

22. 当冷凝温度一定时，蒸发温度越高，（　　）越小。

A. 单位质量制冷量　　B. 单位冷凝热负荷

C. 单位容积制冷量　　D. 单位功耗

23. 设备及零部件干燥的目的是（　　）。

A. 消除水分　　B. 消除应力　　C. 消除杂质　　D. 消除油垢

24. 测定系统真空度的一般仪表是（　　）。

A. 正压压力表　　B. 负压压力表　　C. U 型压力计　　D. 微压计

25. 制冷剂的（　　）越高，在常温下越能够液化。

A. 排气温度　　B. 吸气温度　　C. 饱和温度　　D. 临界温度

26. 盐水作为载冷剂的适用温度是大于或等于（　　）。

A. 0℃　　B. −16℃　　C. −21.2℃　　D. −50℃

27. 制冷压缩机工作时，当排气压力因故障超过规定数值时，安全阀被打开，高压气体将（　　），以避免事故的发生。

A. 流回吸气腔　　B. 排向大自然　　C. 流回贮液器　　D. 排向蒸发器

28. 在焓熵图上，有许多状态参数，其中基本状态参数有三个，分别是（　　）。

A. 温度、压力、比体积　　B. 温度、压力、焓

C. 温度、比体积、焓　　D. 温度、压力、熵

29. 热力膨胀阀按节流装置的平衡方式分类，可分为内平衡式和（　　）两种。

A. 外平衡式　　B. 细毛管　　C. 恒压阀　　D. 浮球阀

30. 膨胀阀的开启度过大，供液量过多，（　　）压缩机产生湿冲程的危险。

A. 会增加　　B. 会减少　　C. 不会使　　D. 不一定会使

31. 蒸发式冷凝器的最大优点为（　　）。

A. 价廉　　B. 噪声低　　C. 节水　　D. 省电

32. 制冷系统的制冷量不变，如果单位质量制冷剂的制冷量越大，则系统的制冷剂循环量（　　）。

A. 越大　　B. 越小　　C. 不变　　D. 无法确定

33. 用于制冷管道的保温材料，应选择（　　）的绝热材料。

A. 导热系数（热导率）大　　B. 导热系数（热导率）小

C. 绝缘性大　　D. 绝缘性小

34. 对于氨制冷剂，从制冷系数、单位容积制冷量和制冷压缩机的排气温度等因素分析，最好采用（　　）中间完全冷却方式

A. 一次节流　　B. 二次节流　　C. 多次节流　　D. 三次节流

35. 小型冷库（或小型冷间）的电气控制电路中压力继电器的作用是（　　）。

A. 差动保护　　B. 低压保护

C. 过高压或低压保护　　D. 过载保护

36. 蒸气压缩式制冷机过热循环的优点是（　　）。

A. 可以防止压缩机的湿行程　　B. 降低功耗

C. 吸收气体多　　D. 排气效果好

37. 冷凝器内的制冷剂和冷却水或空气的流动方式最好的是（　　）。

A. 顺流　　B. 逆流　　C. 叉流　　D. 紊流

38. 活塞式制冷压缩机的输气系数（　　）。

A. =1　　B. >1　　C. <1　　D. >1

39. 若将热力膨胀阀调节杆沿顺时针方向旋转，则（　　）。

A. 开启过热度提高　　B. 开启过热度减小

C. 开启过热度不变　　D. 开启过热度的变化不一样

40. 电磁阀是一种开关式（　　）阀门。

A. 手动　　B. 自动　　C. 磁力　　D. 电动

41. 由低压公用电网供电的电气装置，应采用（　　）。

A. 保护接零　　B. 保护接地

C. 保护接零或保护接地　　D. 保护接零与保护接地

42. 小型氟利昂冷库电气控制电路中交流接触器的衔铁不能释放的原因是（　　）。

A. 过载保护、机件卡死和触头烧熔等

B. 机件卡死、触头烧熔和衔铁上有油泥等

C. 低压保护、触头烧熔和衔铁上有油泥等

D. 线圈电压不符、触头烧熔和衔铁上有油泥等

43. 小型冷藏库用冷风机的基本控制电路包括（　　）。

A. 电磁阀控制电路和除霜加热器控制电路
B. 风机控制电路和电磁阀控制电路
C. 温度控制电路和除霜加热器控制电路
D. 风机控制电路和除霜加热器控制电路
44. 制冷剂充灌过多，在吸气管道表面会出现（　　）现象。
A. 结露　　B. 结霜　　C. 恒温　　D. 过热
45. 真空试验采用的方法是（　　）。
A. 单向抽空　　B. 双向抽空　　C. 双向二次抽空　　D. 单向二次抽空
46. 热力膨胀阀的选配应考虑（　　）。
A. 蒸发器的吸热能力　　B. 制冷压缩机的制冷能力
C. 冷凝器的放热能力　　D. 管道的输液能力
47. 水泵排水管应装（　　）。
A. 过滤网阀　　B. 膨胀阀　　C. 电磁阀　　D. 止回阀
48. 电磁阀的选用，一般依据（　　）。
A. 蒸发压力　　B. 冷凝压力
C. 制冷压缩机的压缩比　　D. 管路尺寸大小
49. 氟利昂制冷系统中具有自动回油功能的油分离器在正常工作时，回油管的表面温度（　　）。
A. 一直发冷　　B. 一直发热　　C. 一直恒温　　D. 时冷时热
50. 卧式壳管式冷凝器冷却水的进出水温差（　　）。
A. 一般控制在1~2℃内　　B. 一般控制在2~3℃内
C. 一般控制在4~6℃内　　D. 一般控制在7~10℃内

二、判断题

1. R134a制冷剂属于氟利昂制冷剂中的HCFC类。（　　）
2. 冷冻机油的主要特点是耐高温而不汽化。（　　）
3. 离心式压缩机可利用进口导叶实现10%~100%范围内的制冷量调节，节能效果好。（　　）
4. 膨胀阀的开启度与蒸发温度的关系是：蒸发温度高，开启度大。（　　）
5. 采用两级压缩式制冷系统是为了提高制冷系数。（　　）
6. 水冷冷凝器用水蒸发制冷剂放出冷凝热。（　　）
7. 低压循环贮液器设置在蒸发器通往压缩机的供液管路上。（　　）
8. 当排气压力过高或吸气压力过低时，高低压力继电器开始运行，使压缩机间歇运转。（　　）
9. 计划维修可保持设备长期、安全、稳定运行，会给制造单位带来明显的经济效益。（　　）
10. 离心式制冷压缩机的能量调节，采用控制进口滑阀的调节方法。（　　）
11. 当高温库的蒸发压力调节阀节流后，就会使阀后压力与吸气压力相同。（　　）

12. 制冷机或热泵是从低温物体中吸收热量的。 （ ）
13. 带油的流体换热时要比无油的流体换热量大。 （ ）
14. 为了提高凝结换热系数，必须定期排放冷凝器中的不凝性气体。 （ ）
15. 在选择换热器的管壁时，应该考虑经济指标，不是导热系数越大越好。 （ ）
16. 交流电正负交替出现，那么当人手触及单相电源的零线（中性线）时，也会发生触电。 （ ）
17. 当负载做星形联结时，必须有中性线。 （ ）
18. 四通换向阀内阀腔滑块的位移是靠两侧压力差推动产生的。 （ ）
19. 制冷系数是单位功耗与单位质量制冷量的比值。 （ ）
20. 翅片管式蒸发器的除霜，可采用回热除霜。 （ ）
21. 膨胀阀把制冷系统分隔成“高压侧区”和“低压侧区”。 （ ）
22. 在一定的冷凝温度下，蒸发温度越低，单位质量制冷量越大。 （ ）
23. 指针式万用表电路中使用了两个二极管，且采用全波整流，以提高整流输出的直流电压。 （ ）
24. 为了保证在一机多库情况下，各库房均能维持所需的蒸发压力，应在低温库蒸发器出口处安装蒸发压力调节阀。 （ ）
25. 在一机二库中，当其中一库达到库温时，压缩机就会停止工作。 （ ）
26. 卤素检漏仪的传感器应保持洁净，避免灰尘、油污，可以撞击传感器头部，还可以根据需要进行拆卸。 （ ）
27. 冷凝器的放热量等于制冷剂循环量与单位质量制冷量的乘积。 （ ）
28. 开启式制冷压缩机与全封闭制冷压缩机的电动机无区别。 （ ）
29. 冷却空气的蒸发器，使制冷剂在管内直接蒸发来冷却空气。 （ ）
30. 墙排管式蒸发器的传热温差一般控制在 7~10℃的范围内。 （ ）

模拟试卷答案

一、单项选择题

1. C	2. D	3. C	4. C	5. D	6. D	7. A	8. D	9. C	10. D
11. D	12. D	13. A	14. B	15. C	16. C	17. B	18. C	19. C	20. B
21. B	22. A	23. A	24. B	25. C	26. C	27. A	28. B	29. A	30. A
31. C	32. B	33. B	34. A	35. C	36. A	37. B	38. C	39. A	40. D
41. B	42. B	43. C	44. B	45. C	46. B	47. D	48. D	49. D	50. C

二、判断题

1. ×	2. ×	3. √	4. √	5. ×	6. ×	7. √	8. ×	9. ×	10. ×
11. √	12. √	13. ×	14. √	15. √	16. ×	17. ×	18. √	19. ×	20. √
21. √	22. ×	23. ×	24. √	25. ×	26. ×	27. √	28. ×	29. √	30. √

参考文献

[1] 李援瑛. 小型冷库安装与维修1000个怎么办 [M]. 北京：中国电力出版社，2016.

[2] 李援瑛. 小型冷藏库结构、安装与维修技术 [M]. 北京：机械工业出版社，2013.

[3] 陈振选. 空调与制冷系统问答 [M]. 2版. 北京：化学工业出版社，2013.

[4] 张华俊. 制冷机辅助设备 [M]. 武汉：华中科技大学出版社，2012.

[5] 高增权. 制冷与空调维修工问答390例 [M]. 上海：上海科学技术出版社，2009.

[6] 张德新. 快学快修冷库实用技能问答 [M]. 北京：中国农业出版社，2007.